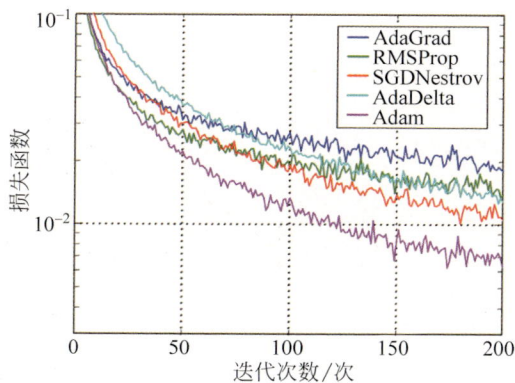

图 2.10　不同随机梯度下降算法的收敛特性

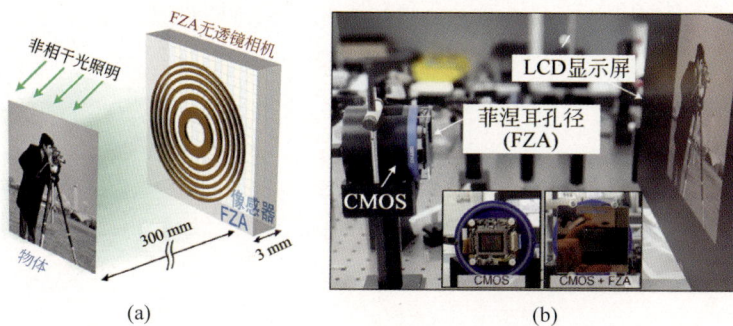

图 3.6　菲涅耳孔径编码成像系统示意图

(a) 实验原理图；(b) 实验装置图

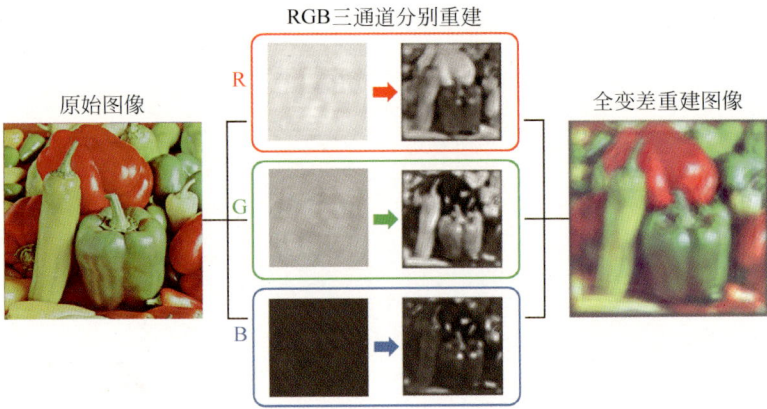

RGB三通道分别重建

原始图像

全变差重建图像

图 3.9　彩色图像重建结果

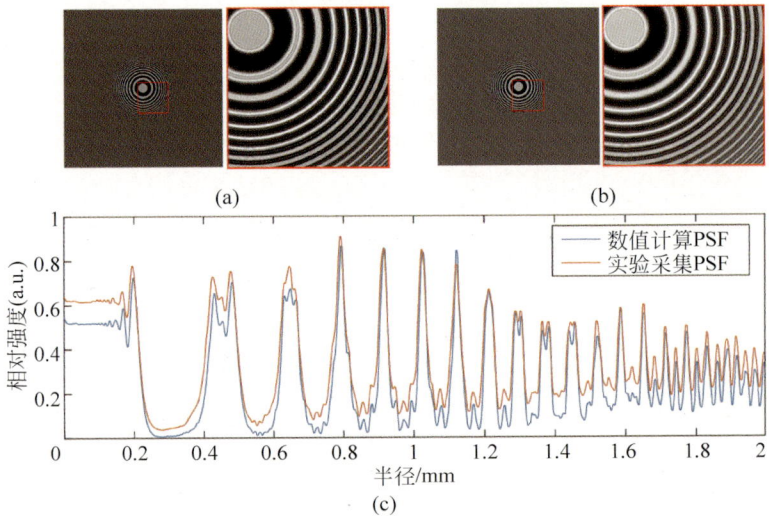

(a)

(b)

(c)

图 5.7　数值计算与实验采集的点扩散函数比较

（a）数值计算的点扩散函数图像；（b）实验采集的点扩散函数图像；

（c）点扩散函数沿径向的强度分布比较

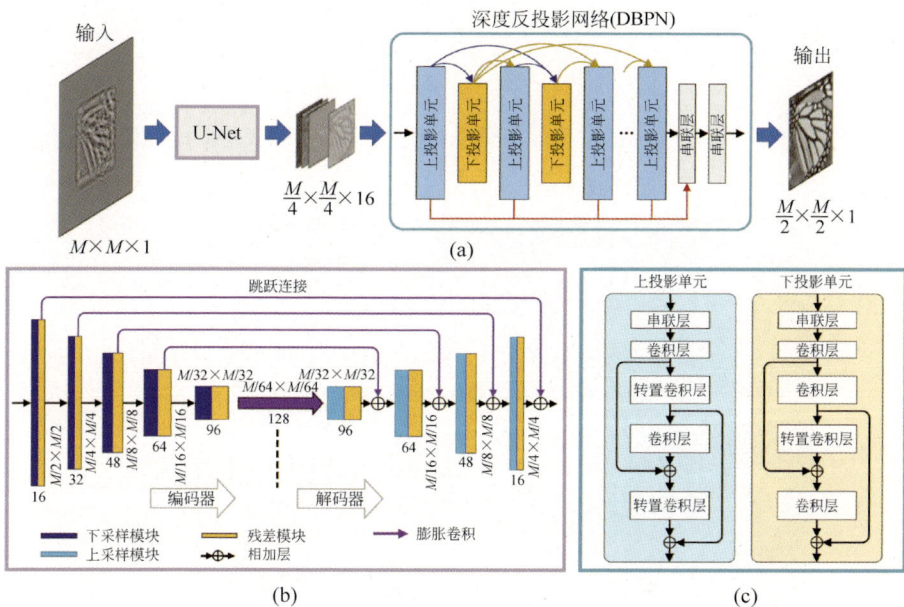

图 5.8 图像重建深度神经网络结构

（a）神经网络整体结构；（b）U-Net 网络结构；（c）上投影单元和下投影单元

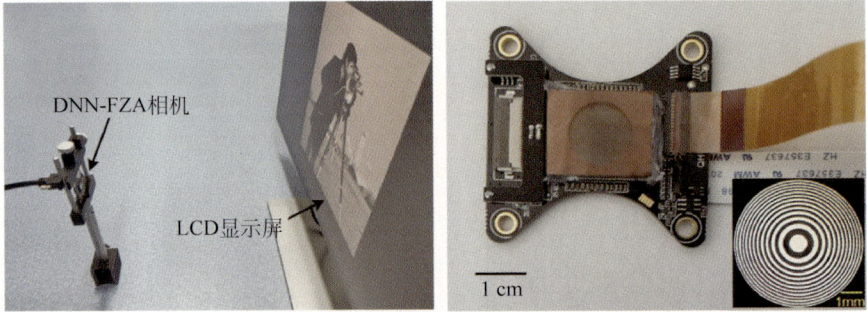

（a）

（b）

图 5.10 实验装置和重建结果

（a）实验所用到的像感器和掩模版；（b）不同方法的重建结果

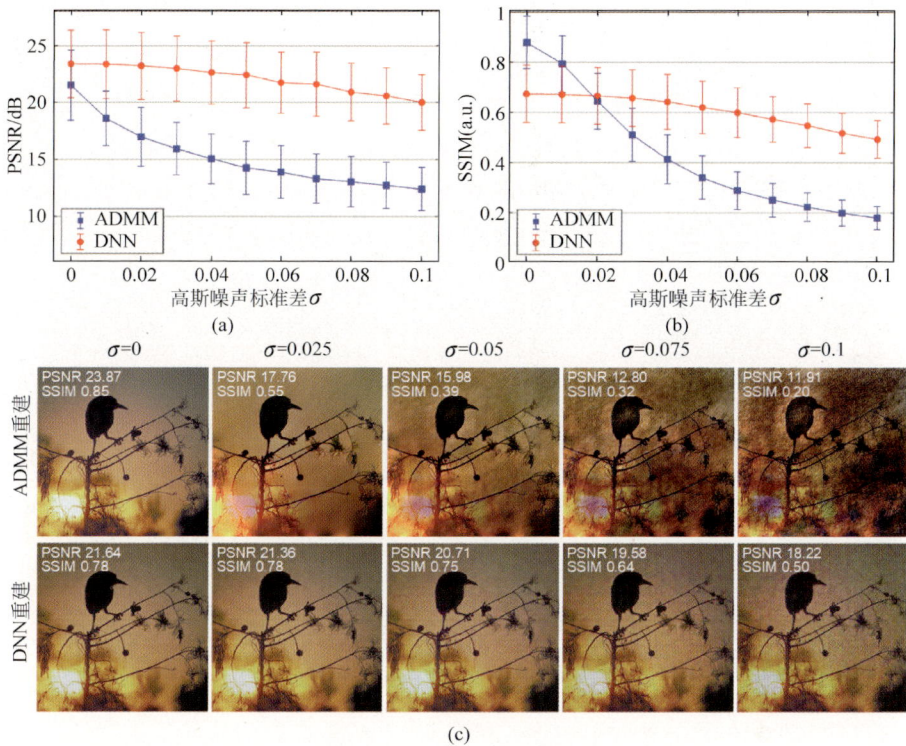

图 5.11　噪声稳健性测试

（a）不同程度高斯噪声下重建图像的 PSNR；（b）不同程度高斯噪声下重建图像的 SSIM；

（c）噪声标准差分别为 $\sigma=0$、$\sigma=0.025$、$\sigma=0.05$、$\sigma=0.075$、$\sigma=0.1$ 时的一组重建实例

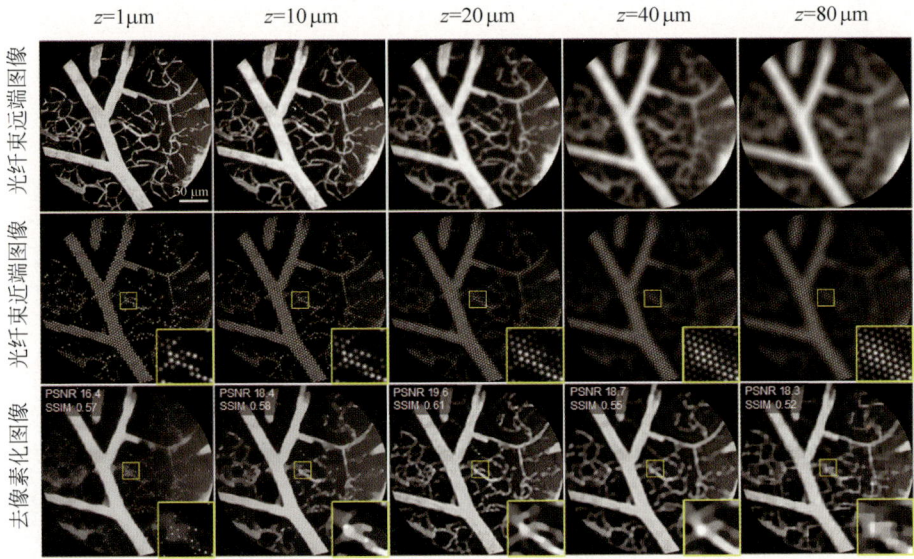

(a)

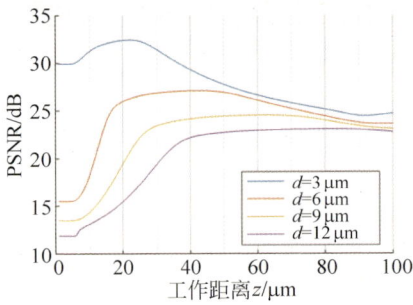

(b)

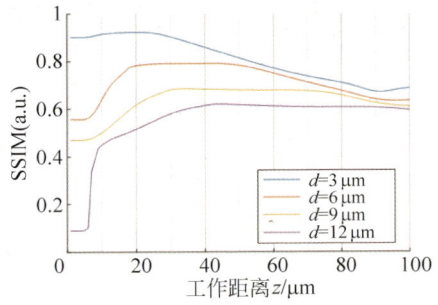

(c)

图 6.4　光纤束无透镜成像模式下不同工作距离对成像质量的影响

（a）工作距离不同时的成像结果；（b）重建图像的平均 PSNR；

（c）重建图像的平均 SSIM

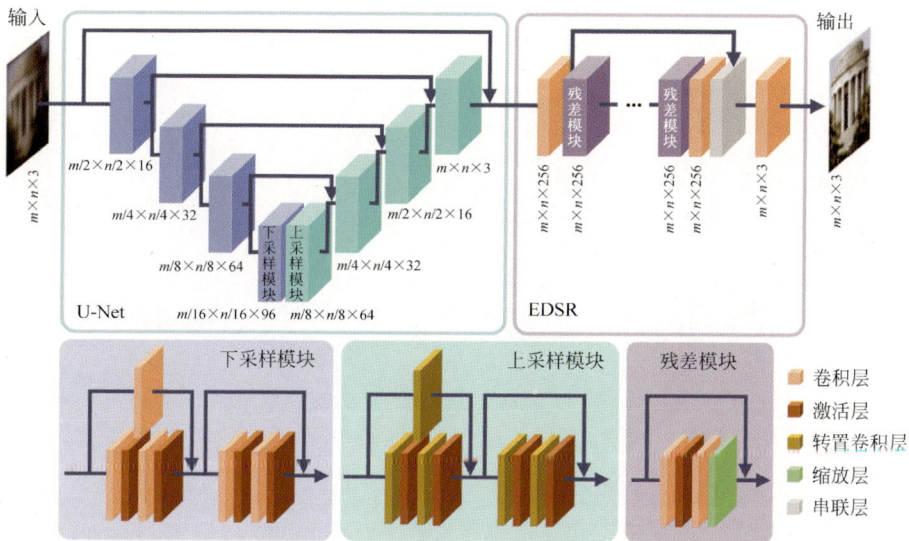

图 6.6　U-Net＋EDSR 网络结构

光纤束图像　　　　插值法　　　　压缩感知法　　　深度学习法　　　真值图像

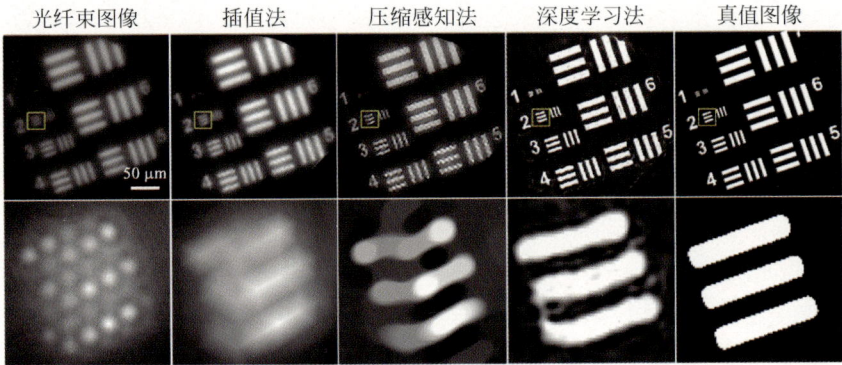

(a)

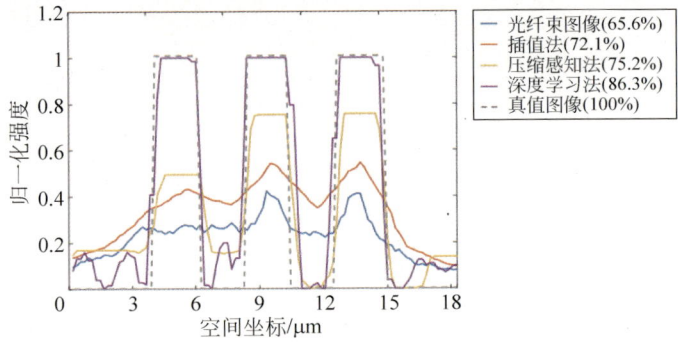

(b)

图 6.10　不同图像增强方法的空域特性比较

（a）不同方法对分辨率板的重建结果比较；（b）分辨率测试图像第二组的横截面比较

光纤束图像　　插值法　　压缩感知法　　深度学习法　　真值图像

(a)

(b)

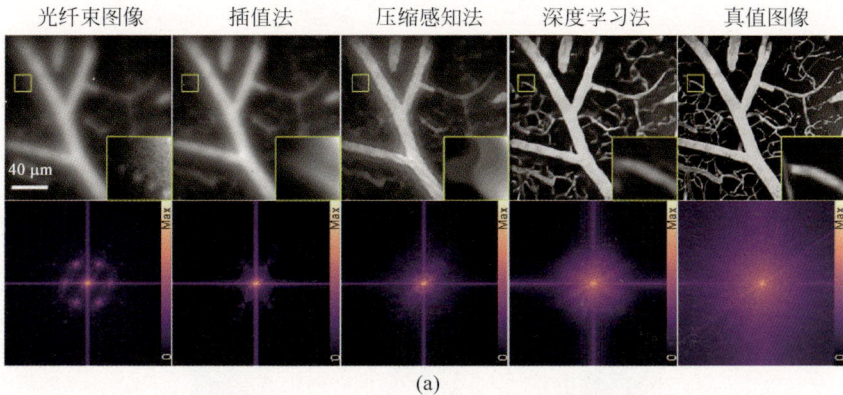

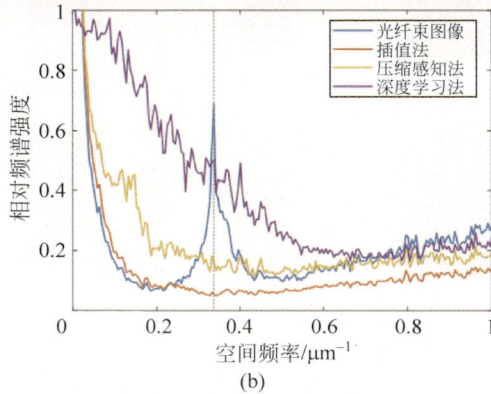

图 6.11　不同图像增强方法的频域特性比较

（a）不同方法对小鼠脉管系统的重建图像及其相应的频谱图；（b）不同方法重建图像的
相对频谱强度（虚线表示纤芯采样频率）

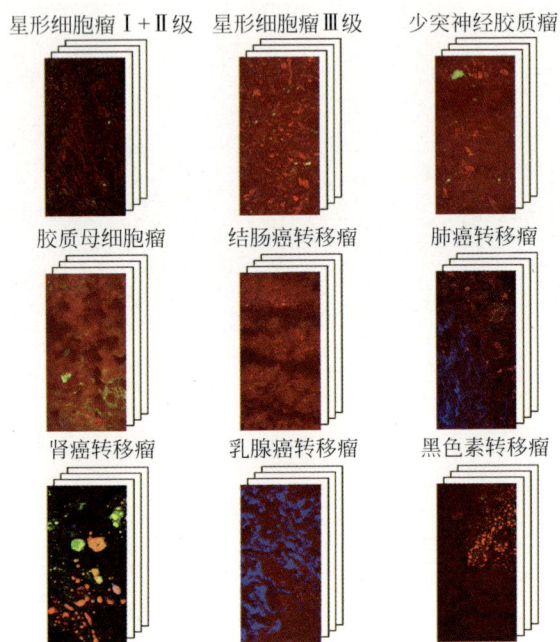

图 6.13 九种肿瘤类型的多光子显微图片(R、G、B 三个通道分别代表 CARS、TPEF、SHG 成像模态)

清华大学优秀博士学位论文丛书

基于深度学习的非相干无透镜成像技术研究

吴佳琛（Wu Jiachen）著

Research on Incoherent Lensless Imaging
Technology Based on Deep Learning

清華大学出版社
北京

内 容 简 介

基于编码掩模的无透镜成像技术是计算光学成像的一个重要分支,采用轻薄化光学元件代替透镜或透镜组对场景图像进行编码,可以显著减小成像系统的体积和重量,该技术在移动终端、物联网传感器、内窥镜等领域有着广阔的应用前景。当前,无透镜成像技术在重建质量和计算效率上还无法满足实际应用的需求,而深度学习技术的发展有望突破无透镜成像技术的瓶颈。本书围绕非相干无透镜成像技术中图像重建质量和计算效率提升两个核心问题,开展了基于深度学习的菲涅耳孔径编码和无透镜光纤束成像技术研究,对推动成像器件与系统的智能化、小型化和集成化发展有着重要意义。

本书可为从事计算光学成像工作的研究生、工程技术人员和学者提供参考。

图书在版编目(CIP)数据

基于深度学习的非相干无透镜成像技术研究 / 吴佳琛著. -- 北京 :清华大学出版社,2025.7. --(清华大学优秀博士学位论文丛书). -- ISBN 978-7-302-69757-2

Ⅰ. O438.1

中国国家版本馆 CIP 数据核字第 2025CK4955 号

责任编辑:程　洋
封面设计:傅瑞学
责任校对:薄军霞
责任印制:沈　露

出版发行:清华大学出版社
　　　　网　　　址:https://www.tup.com.cn, https://www.wqxuetang.com
　　　　地　　　址:北京清华大学学研大厦 A 座　　　邮　　　编:100084
　　　　社 总 机:010-83470000　　　　　　　　　邮　　　购:010-62786544
　　　　投稿与读者服务:010-62776969, c-service@tup.tsinghua.edu.cn
　　　　质量反馈:010-62772015, zhiliang@tup.tsinghua.edu.cn
印 装 者:三河市东方印刷有限公司
经　　销:全国新华书店
开　　本:155mm×235mm　　印　　张:9.75　　插　页:5　　字　　数:177 千字
版　　次:2025 年 7 月第 1 版　　　　　　　　印　　次:2025 年 7 月第 1 次印刷
定　　价:79.00 元

产品编号:101697-01

一流博士生教育
体现一流大学人才培养的高度(代丛书序)^①

人才培养是大学的根本任务。只有培养出一流人才的高校,才能够成为世界一流大学。本科教育是培养一流人才最重要的基础,是一流大学的底色,体现了学校的传统和特色。博士生教育是学历教育的最高层次,体现出一所大学人才培养的高度,代表着一个国家的人才培养水平。清华大学正在全面推进综合改革,深化教育教学改革,探索建立完善的博士生选拔培养机制,不断提升博士生培养质量。

学术精神的培养是博士生教育的根本

学术精神是大学精神的重要组成部分,是学者与学术群体在学术活动中坚守的价值准则。大学对学术精神的追求,反映了一所大学对学术的重视、对真理的热爱和对功利性目标的摒弃。博士生教育要培养有志于追求学术的人,其根本在于学术精神的培养。

无论古今中外,博士这一称号都和学问、学术紧密联系在一起,和知识探索密切相关。我国的博士一词起源于2000多年前的战国时期,是一种学官名。博士任职者负责保管文献档案、编撰著述,须知识渊博并负有传授学问的职责。东汉学者应劭在《汉官仪》中写道:"博者,通博古今;士者,辩于然否。"后来,人们逐渐把精通某种职业的专门人才称为博士。博士作为一种学位,最早产生于12世纪,最初它是加入教师行会的一种资格证书。19世纪初,德国柏林大学成立,其哲学院取代了以往神学院在大学中的地位,在大学发展的历史上首次产生了由哲学院授予的哲学博士学位,并赋予了哲学博士深层次的教育内涵,即推崇学术自由、创造新知识。哲学博士的设立标志着现代博士生教育的开端,博士则被定义为独立从事学术研究、具备创造新知识能力的人,是学术精神的传承者和光大者。

---

① 本文首发于《光明日报》,2017年12月5日。

博士生学习期间是培养学术精神最重要的阶段。博士生需要接受严谨的学术训练,开展深入的学术研究,并通过发表学术论文、参与学术活动及博士论文答辩等环节,证明自身的学术能力。更重要的是,博士生要培养学术志趣,把对学术的热爱融入生命之中,把捍卫真理作为毕生的追求。博士生更要学会如何面对干扰和诱惑,远离功利,保持安静、从容的心态。学术精神,特别是其中所蕴含的科学理性精神、学术奉献精神,不仅对博士生未来的学术事业至关重要,对博士生一生的发展都大有裨益。

独创性和批判性思维是博士生最重要的素质

博士生需要具备很多素质,包括逻辑推理、言语表达、沟通协作等,但是最重要的素质是独创性和批判性思维。

学术重视传承,但更看重突破和创新。博士生作为学术事业的后备力量,要立志于追求独创性。独创意味着独立和创造,没有独立精神,往往很难产生创造性的成果。1929年6月3日,在清华大学国学院导师王国维逝世二周年之际,国学院师生为纪念这位杰出的学者,募款修造"海宁王静安先生纪念碑",同为国学院导师的陈寅恪先生撰写了碑铭,其中写道:"先生之著述,或有时而不章;先生之学说,或有时而可商;惟此独立之精神,自由之思想,历千万祀,与天壤而同久,共三光而永光。"这是对于一位学者的极高评价。中国著名的史学家、文学家司马迁所讲的"究天人之际,通古今之变,成一家之言"也是强调要在古今贯通中形成自己独立的见解,并努力达到新的高度。博士生应该以"独立之精神、自由之思想"来要求自己,不断创造新的学术成果。

诺贝尔物理学奖获得者杨振宁先生曾在20世纪80年代初对到访纽约州立大学石溪分校的90多名中国学生、学者提出:"独创性是科学工作者最重要的素质。"杨先生主张做研究的人一定要有独创的精神、独到的见解和独立研究的能力。在科技如此发达的今天,学术上的独创性变得越来越难,也愈加珍贵和重要。博士生要树立敢为天下先的志向,在独创性上下功夫,勇于挑战最前沿的科学问题。

批判性思维是一种遵循逻辑规则、不断质疑和反省的思维方式,具有批判性思维的人勇于挑战自己,敢于挑战权威。批判性思维的缺乏往往被认为是中国学生特有的弱项,也是我们在博士生培养方面存在的一个普遍问题。2001年,美国卡内基基金会开展了一项"卡内基博士生教育创新计划",针对博士生教育进行调研,并发布了研究报告。该报告指出:在美国和欧洲,培养学生保持批判而质疑的眼光看待自己、同行和导师的观点同样非常不容易,批判性思维的培养必须成为博士生培养项目的组成部分。

对于博士生而言,批判性思维的养成要从如何面对权威开始。为了鼓励学生质疑学术权威、挑战现有学术范式,培养学生的挑战精神和创新能力,清华大学在 2013 年发起"巅峰对话",由学生自主邀请各学科领域具有国际影响力的学术大师与清华学生同台对话。该活动迄今已经举办了 21 期,先后邀请 17 位诺贝尔奖、3 位图灵奖、1 位菲尔兹奖获得者参与对话。诺贝尔化学奖得主巴里·夏普莱斯(Barry Sharpless)在 2013 年 11 月来清华参加"巅峰对话"时,对于清华学生的质疑精神印象深刻。他在接受媒体采访时谈道:"清华的学生无所畏惧,请原谅我的措辞,但他们真的很有胆量。"这是我听到的对清华学生的最高评价,博士生就应该具备这样的勇气和能力。培养批判性思维更难的一层是要有勇气不断否定自己,有一种不断超越自己的精神。爱因斯坦说:"在真理的认识方面,任何以权威自居的人,必将在上帝的嬉笑中垮台。"这句名言应该成为每一位从事学术研究的博士生的箴言。

提高博士生培养质量有赖于构建全方位的博士生教育体系

一流的博士生教育要有一流的教育理念,需要构建全方位的教育体系,把教育理念落实到博士生培养的各个环节中。

在博士生选拔方面,不能简单按考分录取,而是要侧重评价学术志趣和创新潜力。知识结构固然重要,但学术志趣和创新潜力更关键,考分不能完全反映学生的学术潜质。清华大学在经过多年试点探索的基础上,于 2016 年开始全面实行博士生招生"申请-审核"制,从原来的按照考试分数招收博士生,转变为按科研创新能力、专业学术潜质招收,并给予院系、学科、导师更大的自主权。《清华大学"申请-审核"制实施办法》明晰了导师和院系在考核、遴选和推荐上的权力和职责,同时确定了规范的流程及监管要求。

在博士生指导教师资格确认方面,不能论资排辈,要更看重教师的学术活力及研究工作的前沿性。博士生教育质量的提升关键在于教师,要让更多、更优秀的教师参与到博士生教育中来。清华大学从 2009 年开始探索将博士生导师评定权下放到各学位评定分委员会,允许评聘一部分优秀副教授担任博士生导师。近年来,学校在推进教师人事制度改革过程中,明确教研系列助理教授可以独立指导博士生,让富有创造活力的青年教师指导优秀的青年学生,师生相互促进、共同成长。

　　在促进博士生交流方面,要努力突破学科领域的界限,注重搭建跨学科的平台。跨学科交流是激发博士生学术创造力的重要途径,博士生要努力提升在交叉学科领域开展科研工作的能力。清华大学于2014年创办了"微沙龙"平台,同学们可以通过微信平台随时发布学术话题,寻觅学术伙伴。3年来,博士生参与和发起"微沙龙"12 000多场,参与博士生达38 000多人次。"微沙龙"促进了不同学科学生之间的思想碰撞,激发了同学们的学术志趣。清华于2002年创办了博士生论坛,论坛由同学自己组织,师生共同参与。博士生论坛持续举办了500期,开展了18 000多场学术报告,切实起到了师生互动、教学相长、学科交融、促进交流的作用。学校积极资助博士生到世界一流大学开展交流与合作研究,超过60%的博士生有海外访学经历。清华于2011年设立了发展中国家博士生项目,鼓励学生到发展中国家亲身体验和调研,在全球化背景下研究发展中国家的各类问题。

　　在博士学位评定方面,权力要进一步下放,学术判断应该由各领域的学者来负责。院系二级学术单位应该在评定博士论文水平上拥有更多的权力,也应担负更多的责任。清华大学从2015年开始把学位论文的评审职责授权给各学位评定分委员会,学位论文质量和学位评审过程主要由各学位分委员会进行把关,校学位委员会负责学位管理整体工作,负责制度建设和争议事项处理。

　　全面提高人才培养能力是建设世界一流大学的核心。博士生培养质量的提升是大学办学质量提升的重要标志。我们要高度重视、充分发挥博士生教育的战略性、引领性作用,面向世界、勇于进取,树立自信、保持特色,不断推动一流大学的人才培养迈向新的高度。

邱勇

清华大学校长

2017 年 12 月

丛书序二

以学术型人才培养为主的博士生教育,肩负着培养具有国际竞争力的高层次学术创新人才的重任,是国家发展战略的重要组成部分,是清华大学人才培养的重中之重。

作为首批设立研究生院的高校,清华大学自 20 世纪 80 年代初开始,立足国家和社会需要,结合校内实际情况,不断推动博士生教育改革。为了提供适宜博士生成长的学术环境,我校一方面不断地营造浓厚的学术氛围,一方面大力推动培养模式创新探索。我校从多年前就已开始运行一系列博士生培养专项基金和特色项目,激励博士生潜心学术、锐意创新,拓宽博士生的国际视野,倡导跨学科研究与交流,不断提升博士生培养质量。

博士生是最具创造力的学术研究新生力量,思维活跃,求真求实。他们在导师的指导下进入本领域研究前沿,吸取本领域最新的研究成果,拓宽人类的认知边界,不断取得创新性成果。这套优秀博士学位论文丛书,不仅是我校博士生研究工作前沿成果的体现,也是我校博士生学术精神传承和光大的体现。

这套丛书的每一篇论文均来自学校新近每年评选的校级优秀博士学位论文。为了鼓励创新,激励优秀的博士生脱颖而出,同时激励导师悉心指导,我校评选校级优秀博士学位论文已有 20 多年。评选出的优秀博士学位论文代表了我校各学科最优秀的博士学位论文的水平。为了传播优秀的博士学位论文成果,更好地推动学术交流与学科建设,促进博士生未来发展和成长,清华大学研究生院与清华大学出版社合作出版这些优秀的博士学位论文。

感谢清华大学出版社,悉心地为每位作者提供专业、细致的写作和出版指导,使这些博士论文以专著方式呈现在读者面前,促进了这些最新的优秀研究成果的快速广泛传播。相信本套丛书的出版可以为国内外各相关领域或交叉领域的在读研究生和科研人员提供有益的参考,为相关学科领域的发展和优秀科研成果的转化起到积极的推动作用。

　　感谢丛书作者的导师们。这些优秀的博士学位论文,从选题、研究到成文,离不开导师的精心指导。我校优秀的师生导学传统,成就了一项项优秀的研究成果,成就了一大批青年学者,也成就了清华的学术研究。感谢导师们为每篇论文精心撰写序言,帮助读者更好地理解论文。

　　感谢丛书的作者们。他们优秀的学术成果,连同鲜活的思想、创新的精神、严谨的学风,都为致力于学术研究的后来者树立了榜样。他们本着精益求精的精神,对论文进行了细致的修改完善,使之在具备科学性、前沿性的同时,更具系统性和可读性。

　　这套丛书涵盖清华众多学科,从论文的选题能够感受到作者们积极参与国家重大战略、社会发展问题、新兴产业创新等的研究热情,能够感受到作者们的国际视野和人文情怀。相信这些年轻作者们勇于承担学术创新重任的社会责任感能够感染和带动越来越多的博士生,将论文书写在祖国的大地上。

　　祝愿丛书的作者们、读者们和所有从事学术研究的同行们在未来的道路上坚持梦想,百折不挠! 在服务国家、奉献社会和造福人类的事业中不断创新,做新时代的引领者。

　　相信每一位读者在阅读这一本本学术著作的时候,在吸取学术创新成果、享受学术之美的同时,能够将其中所蕴含的科学理性精神和学术奉献精神传播和发扬出去。

清华大学研究生院院长

2018 年 1 月 5 日

导师序言

　　光学成像技术是一门历久弥新的技术。早在 3000 年前，古埃及人与美索不达米亚人就将石英晶体抛光制成宁路德透镜，用于聚焦日光和放大影像；而 200 多年前摄影术的发明，使得人们可以方便地记录和保存影像。时至今日，从探索浩瀚宇宙到观测微观世界，光学成像技术对自然科学的发展起到了极大的推动作用，已成为拓展人类认知边界的重要手段。

　　尽管光学成像技术经过了漫长岁月的发展，但主流的成像系统架构却并没有发生大的改变，依然采用透镜组将物点映射至成像平面。为了兼顾成像质量，透镜组需要采用多个精心设计的镜片来降低各种像差，因此很难做到小巧轻薄。日常生活中一个常见的例子就是手机摄像头总是凸出手机背板，这种牺牲手机背面的整体平整度来换取成像性能的设计也常为人所诟病。近年来，随着光学工程、数学及计算机科学等学科的交叉融合，计算能力被引入传统光学成像系统中，不仅在结构上简化了光学系统的复杂度，而且在成像维度、尺度与分辨率上实现了质的突破。计算成像技术的产生给天文成像、显微成像、遥感成像、手机成像、汽车导航等领域带来了革命性的变化。

　　随着"十四五"规划的不断深入，集成光电子器件的发展受到国家相关部门的高度重视。国家自然科学基金委信息学部将智能光计算与存储器件、异质异构光电子集成技术、片上多维光电信息调控技术等方向作为"十四五"优先发展领域。2023 年，阿里巴巴达摩院从产业的角度，将计算光学成像列为 2023 年引导与支撑我国科技和产业发展的十大科技趋势之一。由此可见，计算光学成像技术正处于快速发展的黄金时代。

　　基于编码掩模的非相干无透镜成像作为一种计算成像技术，以其结构轻薄、易于构建的特点受到研究人员的关注。该技术通过将特定图案的掩模置入成像系统内，对入射光进行调制，打破了场景到图像一一对应的采样形式，并且具备对多维信息的编解码能力，依托后端强大的计算能力，或将从根本上颠覆传统的透镜成像模式。

　　本书作者吴佳琛博士瞄准无透镜成像学术前沿,提出了单帧菲涅耳孔径编码成像无孪生像重建方法,构建了全变差正则化下的菲涅耳孔径编码成像重建模型,设计了基于交替方向乘子法的压缩重建算法,仅使用少量测量数据即可恢复清晰度良好的图像。针对衍射效应导致的图像重建模糊问题,提出了宽带光源照明下编码掩模成像系统的点扩散函数计算方法,采用该方法可生成高质量数据集,由此训练的神经网络不仅解决了衍射效应造成的模糊问题,也大幅提高了计算效率。这些创新的工作成果发表在 *Light: Science & Applications* 等高水平学术期刊上,为无透镜成像领域提供了宝贵的学术思想。

　　吴佳琛博士在学期间曾前往德国德累斯顿工业大学进行访学交流,将深度学习相关技术应用于无透镜光纤内窥镜成像中,消除了光纤束图像中蜂窝状伪像,实现了单帧光纤束图像的快速高分辨成像。访学期间,吴佳琛博士还与德累斯顿大学医院开展了合作研究,将提出的分辨率增强方法应用于肿瘤图像识别,有效提高了胶质母细胞瘤的识别率。可以预见在不久的将来,内窥镜能做到仅有头发丝般粗细,可大幅缓解病患手术中的不适感,并且在术中即可实现重大疾病的诊断,从而更好地造福于社会。

　　最后,预祝吴佳琛博士论文顺利出版,也祝愿吴佳琛博士在今后的科研道路上继续发扬刻苦钻研的科研精神,勇攀学术高峰。

　　是为序。

曹良才

2024 年 3 月于清华园

摘　要

　　随着光电成像技术的发展和计算机算力的提升,成像系统的核心架构正逐步由前端硬件设备向后端计算重构技术转移,形成了计算光学成像领域。计算光学成像不同于传统相机的物像关系和结构形态,其设计与功能灵活多样,可实现多维复杂光场感知。无透镜成像技术作为计算光学成像的一个重要分支,采用轻薄化光学元件代替透镜或透镜组对场景图像进行编码,可以显著减小成像系统的体积和重量,在嵌入式系统、可穿戴设备、内窥镜等领域有着广阔的应用前景。当前,无透镜成像技术在重建质量和计算效率上还无法满足实际应用需求,而深度学习技术的发展有望突破无透镜成像技术的瓶颈。本书围绕非相干无透镜成像技术中图像重建质量和计算效率提升两个核心问题,开展了基于深度学习的菲涅耳孔径编码和无透镜光纤束成像技术研究。

　　本书提出了单帧菲涅耳孔径编码成像无孪生像重建方法,分析了重建图像中孪生像的生成机制,构建了全变差正则化下的菲涅耳孔径编码成像重建模型,通过迭代优化算法消除了孪生像噪声。构建了无须校准的无透镜相机样机,在实验中实现了对二值、灰度和彩色图像重建质量的提升。进一步建立了基于部分采样的编码掩模成像模型,设计了基于交替方向乘子法的压缩重建算法,仅使用少量测量数据即可恢复清晰度良好的图像。

　　本书提出了基于深度学习的菲涅耳孔径编码成像方法,针对衍射效应导致的图像重建模糊问题,提出宽带光源照明下编码掩模成像系统的点扩散函数计算方法,并将点扩散函数用于深度学习数据集的生成,避免了烦琐冗长的数据集采集流程。基于 U-Net 和图像超分辨网络设计了端到端的网络模型,实现了图像快速高质量重建。针对二值、灰度和彩色图像,在相同的图像重建质量下,计算速度比迭代优化算法提高了两个数量级。

　　本书提出了基于深度学习的无透镜光纤内窥镜成像方法,研究了无透镜光纤束成像模型,分析了工作距离对成像质量的影响。设计并构建了光纤束图像采集装置,实现了真值图像与光纤束图像训练图像的获取。基于

U-Net 和图像超分辨网络设计了光纤束成像分辨率增强网络模型,消除了光纤束图像中的蜂窝状伪像,实现了单帧光纤束图像的快速高分辨成像。针对肿瘤图像识别应用,提出的分辨率增强方法有效提高了胶质母细胞瘤的识别率。

关键词:深度学习;无透镜成像;菲涅耳孔径;压缩感知;光纤束成像

Abstract

With the development of photoelectric imaging technology and the improvement of computing power, the core architecture of imaging system is gradually shifting from the front-end hardware equipment to the back-end computing reconstruction technology, forming the field of computational optical imaging. Computational optical imaging differs from the object-image relationship and structure form of traditional camera, and its design and function are flexible and diverse, which can realize multi-dimensional and complex light field perception. As an important branch of computational optical imaging, lensless imaging technology uses thin optical elements instead of lenses to encode scene images, which can significantly reduce the volume and weight of the imaging system. It has broad application prospects in embedded system, wearable devices, endomicroscopy, etc. At present, lensless imaging technology cannot meet the requirements of practical application in terms of imaging quality and imaging speed, and the development of deep learning technology is expected to break through the bottleneck of lensless imaging technology. Focusing on two core issues of image reconstruction quality and computational efficiency in incoherent lensless imaging technology, this book carried out research on Fresnel zone aperture imaging and lensless fiber bundle imaging technology based on deep learning.

A twin-image-free reconstruction method for single-shot Fresnel zone aperture imaging is proposed. The generation mechanism of twin image in reconstructed images is analyzed. The Fresnel zone aperture imaging reconstruction model under total variation regularization is constructed, and the twin image noise in the back-propagation reconstruction is eliminated by an iterative optimization algorithm. A lensless camera prototype without calibration is constructed, and the quality of binary, gray, and color image reconstruction is improved in the experiment.

Furthermore, the encoding mask imaging model based on partial sampling is established, and the compressive reconstruction algorithm based on the alternating direction method of multipliers is designed. Only a small amount of measured data is used to restore the image with good definition.

A deep learning-based Fresnel zone aperture imaging method is proposed. To address the obscure image reconstruction caused by the diffraction effect, a calculation method of point spread function (PSF) of encoding mask imaging system under broadband illumination is proposed. The PSF is used to generate a training dataset, which avoids the tedious and lengthy dataset collection process. An end-to-end network model is designed based on U-Net and image super-resolution network to realize fast and high-quality image reconstruction. For binary, gray, and color images, the computation speed is improved by two orders of magnitude compared with the iterative optimization algorithm under the same image reconstruction quality.

A lensless fiber endoscopic imaging method based on deep learning is proposed. The imaging model of a lensless optical fiber bundle is studied, and the effect of working distance on imaging quality is analyzed. A fiber bundle image acquisition setup is built to obtain fiber bundle images with the corresponding ground truth images for training. The resolution enhancement network model of fiber bundle imaging is designed based on U-Net and image super-resolution network, which eliminates the honeycomb artifacts in fiber bundle image and realizes the fast and high-resolution imaging of a single fiber bundle image. For the application of tumor image recognition, the proposed resolution enhancement method can effectively improve the recognition rate of glioblastoma.

Keywords: Deep learning; Lensless imaging; Fresnel zone aperture; Compressive sensing; Fiber bundle imaging

缩略语说明

AdaGrad	自适应梯度（adaptive gradient）
Adam	自适应矩估计（adaptive moment estimation）
ADMM	交替方向乘子法（alternating direction method of multipliers）
ANN	人工神经网络（artificial neural network）
AUROC	受试者工作特征曲线下面积（area under the receiver operating characteristic curve）
BTV	双边全变差（bilateral total variation）
CARS	相干反斯托克斯拉曼散射（coherent anti-Stokes Raman scattering）
CC	相关系数（correlation coefficient）
CNN	卷积神经网络（convolutional neural network）
CS	压缩感知（compressive sensing）
DBPN	深度反投影网络（deep back-projection networks）
DMD	数字微镜器件（digital micromirror device）
DNN	深度神经网络（deep neural network）
EDSR	用于单帧图像超分辨率的增强型深度残差网络（enhanced deep residual networks for single image super resolution）
FINCH	菲涅耳非相干相关全息术（Fresnel incoherent correlation holography）
FISTA	快速迭代收缩阈值算法（fast iterative shrinkage thresholding algorithm）
FWHM	半高全宽（full width at half maxima）
FZA	菲涅耳孔径（Fresnel zone aperture）
FZP	菲涅耳波带片（Fresnel zone plate）
GAN	生成对抗网络（generative adversarial network）
GPU	图形处理器（graphics processing unit）
GRIN	梯度折射率（graded-index）

GZP　　　伽博波带片(Gabor zone plate)

ISTA　　　迭代收缩阈值算法(iterative shrinkage thresholding algorithm)

LED　　　发光二极管(light emitting diode)

MAE　　　平均绝对误差(mean absolute error)

MEMS　　微机电系统(micro-electro-mechanical systems)

MLP　　　多层感知器(multilayer perceptron)

MSE　　　均方误差(mean square error)

MURA　　改进的均匀冗余阵列(modified uniformly redundant arrays)

NA　　　　数值孔径(numerical aperture)

NRA　　　非冗余阵列(non-redundant array)

NPCC　　 负皮尔逊相关系数(negative Pearson correlation coefficient)

PSF　　　点扩散函数(point spread function)

ReLU　　　修正线性单元(rectified linear units)

ResNet　　残差神经网络(residual neural network)

RIP　　　约束等距性条件(restricted isometry property)

RMSE　　　均方根误差(root mean square error)

RMSProp 均方根反向传播(root mean squared propagation)

PSNR　　　峰值信噪比(peak signal to noise ratio)

SGDM　　 使用动量的随机梯度下降(stochastic gradient descent with momentum)

SHG　　　二次谐波产生(second harmonic generation)

SISR　　　单帧图像超分辨率(single image super resolution)

SNR　　　信噪比(signal noise ratio)

SPAD　　　单光子雪崩二极管(single photon avalanche diode)

SSIM　　　结构相似度(structural similarity index measure)

TGV　　　广义全变差(total generalized variation)

TIE　　　光强传输方程(transport of intensity equation)

TPEF　　　双光子激发荧光(two-photon excited fluorescence)

TV　　　　全变差(total variation)

TwIST　　 两步迭代收缩阈值算法(two-step iterative shrinkage thresholding)

URA　　　均匀冗余阵列(uniformly redundant arrays)

ZPCI　　　波带片编码成像(zone plate coded imaging)

目　录

第 1 章　绪论 ·· 1

　1.1　研究背景 ·· 1

　1.2　无透镜成像技术发展综述 ·· 2

　　　1.2.1　照明调制无透镜成像技术 ··· 3

　　　1.2.2　掩模调制无透镜成像技术 ··· 6

　1.3　深度学习技术在无透镜成像中的应用 ·· 14

　1.4　非相干无透镜成像面临的挑战 ··· 16

　1.5　本书内容 ··· 18

第 2 章　非相干无透镜计算成像理论框架 ··· 20

　2.1　本章引言 ··· 20

　2.2　递问题及其求解方法 ··· 20

　　　2.2.1　递问题的不适定性 ··· 21

　　　2.2.2　线性递问题求解的正则化方法 ··· 23

　2.3　深度学习在递问题求解中的应用 ··· 27

　　　2.3.1　神经网络的典型结构 ··· 28

　　　2.3.2　神经网络的损失函数 ··· 31

　　　2.3.3　神经网络的优化算法 ··· 34

　2.4　编码掩模无透镜成像模型 ·· 36

　　　2.4.1　成像模型和参数 ··· 36

　　　2.4.2　掩模版评价函数 ··· 37

　2.5　本章小结 ··· 39

第 3 章　单帧菲涅耳孔径编码成像方法 ··· 40

　3.1　本章引言 ··· 40

　3.2　菲涅耳孔径编码成像模型 ·· 40

        3.2.1 菲涅耳孔径编码图像与同轴全息图的等效性 ········ 41
        3.2.2 成像分辨率分析 ················· 45
    3.3 全变差正则化消除孪生像 ················· 47
    3.4 实验结果 ························· 50
        3.4.1 掩模版的加工 ·················· 50
        3.4.2 图像重建结果 ·················· 51
        3.4.3 成像分辨率测试 ················· 53
    3.5 本章小结 ························· 54

第4章 基于压缩感知的菲涅耳孔径编码成像 ············· 55
    4.1 本章引言 ························· 55
    4.2 编码掩模成像的压缩感知模型 ·············· 56
        4.2.1 信号的稀疏表示 ················· 57
        4.2.2 编码掩模成像观测矩阵的不相关性 ········· 59
    4.3 编码掩模成像的压缩重建算法 ·············· 60
        4.3.1 循环卷积与线性卷积 ··············· 61
        4.3.2 前向模型与重建算法 ··············· 63
    4.4 测试与分析 ······················· 68
        4.4.1 数值重建结果 ·················· 68
        4.4.2 实验重建结果 ·················· 71
    4.5 本章小结 ························· 72

第5章 基于深度学习的菲涅耳孔径编码成像 ············· 73
    5.1 本章引言 ························· 73
    5.2 模型误差分析 ······················ 73
        5.2.1 掩模版加工误差 ················· 74
        5.2.2 光学传播模型误差 ················ 76
    5.3 基于深度学习的编码掩模成像 ·············· 79
        5.3.1 训练集图像的生成 ················ 79
        5.3.2 神经网络设计与训练 ··············· 81
        5.3.3 损失函数 ····················· 83
    5.4 实验结果 ························· 83
        5.4.1 图像重建结果 ·················· 83

　　　　5.4.2　噪声稳健性分析 ·············· 84
　　5.5　本章小结 ····························· 87

第 6 章　基于深度学习的无透镜光纤内窥镜成像 ······ 88
　　6.1　本章引言 ····························· 88
　　6.2　光纤束的成像特性 ····················· 89
　　6.3　光纤束图像的去像素化 ················· 91
　　　　6.3.1　频域滤波法 ·················· 91
　　　　6.3.2　空域插值法 ·················· 92
　　　　6.3.3　多帧融合法 ·················· 92
　　　　6.3.4　压缩感知法 ·················· 93
　　6.4　光纤束成像的分辨率增强方法 ··········· 94
　　　　6.4.1　最优工作距离 ················ 94
　　　　6.4.2　基于深度神经网络的光纤束高分辨成像 ··· 96
　　　　6.4.3　实验结果与分析 ·············· 98
　　6.5　高分辨光纤束成像在肿瘤识别中的应用 ··· 103
　　　　6.5.1　成像分辨率对肿瘤识别的影响 ···· 104
　　　　6.5.2　胶质母细胞瘤识别结果 ········· 108
　　6.6　本章小结 ···························· 109

第 7 章　总结和展望 ························ 110
　　7.1　工作总结 ···························· 110
　　7.2　创新性成果 ·························· 111
　　7.3　未来工作展望 ························ 112

参考文献 ································· 114

在学期间完成的相关学术成果 ············· 131

致谢 ··································· 133

第1章 绪 论

1.1 研究背景

随着光电成像技术的发展和便携式电子设备的普及,成像系统与模组被集成到各类移动设备中,已在手机成像、工业检测、机器视觉、生物医疗等领域取得了广泛应用。此外,包括可穿戴设备、机器人、物联网、虚拟/增强现实、人机交互等新兴的应用场景,也对与之匹配的成像模块的微型化、集成化提出了更高的要求。中国工程院信息与电子工程学部、中国信息与电子工程科技发展战略研究中心在北京发布了"中国电子信息工程科技发展十三大挑战(2022)",总结提炼出中国电子信息工程科技当前的发展趋势和面临的重大挑战,其中包括信息领域的自主可控,实现超高速、高性能、低功耗、多功能、高密度光电子器件等。因此,新一代成像器件的研发将更注重降低单位带宽的传输成本,向智能化、小型化和集成化方向发展。

为了实现上述目标,人们在光学成像技术探索的道路上做出了不懈努力。一方面,随着亚微米、深亚微米和纳米技术工艺的不断发展和器件结构的改进,针对光强响应的图像传感器技术日趋成熟,图像传感器的分辨率、信噪比、动态范围等性能不断提高[1-3]。另外,借助其他光学元件或附加额外的成像光路,可将其他维度信息(如相位[4]、偏振[5]、光谱[6]等)转换为光强信息,从而被图像传感器所记录,实现对物理世界中光场信息的全方位感知。另一方面,随着移动互联网的兴起和计算机算力的提升,图像处理、计算机视觉、机器学习、大数据处理等研究领域取得了突飞猛进的发展。这些研究领域的相互碰撞和融合推动了计算成像的诞生和发展。计算成像从光传播和信息传递的角度对整个成像系统进行建模,并将计算能力引入成像系统中,旨在突破成像器件在信息记录上的瓶颈。由于计算成像将成像的重心由硬件转移到算法,不仅大幅降低了硬件成本,而且提高了成像系统的设计自由度,使成像系统在信息获取的维度和尺度上更加自由,为成像器件的智能化、小型化和集成化提供了有效的技术途径。

　　无透镜成像作为一种计算成像技术,其采用照明调制或者引入简单编码调制器件代替透镜对场景编码的方式实现图像信息采集,具有结构轻薄、易于构建的特点,受到广大科研人员的关注。传统基于透镜的成像模型通过设计透镜组,将物点一一映射到像感器平面上完成信号的模数转换,透镜组的体积往往决定了成像系统的厚度。而无透镜成像打破了场景到图像一一对应的采样形式,摆脱了成像对透镜组的依赖,实现了成像系统的轻薄化。透镜成像与无透镜成像的比较如图1.1所示。

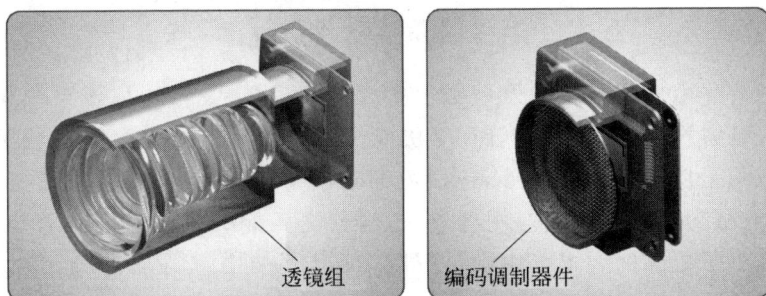

图 1.1　透镜成像与无透镜成像的比较

1.2　无透镜成像技术发展综述

　　根据成像系统对场景图像的编码调制方式的不同,无透镜成像技术可大致分为照明调制和掩模调制,如图1.2所示。照明调制又可分为空域调制和时域调制两大类:空域调制采用相干或部分相干光照明物体,通过衍

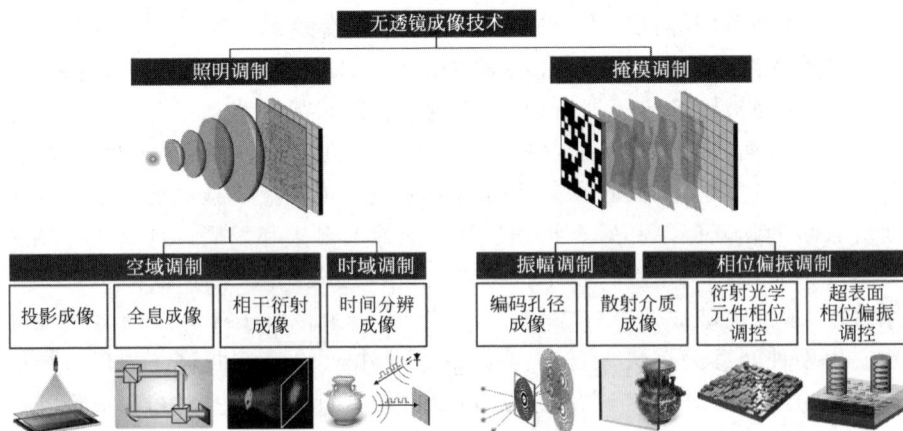

图 1.2　无透镜成像技术分类

射计算恢复物体图像,该方法需要主动照明,可实现对相位物体成像,但仅限微观尺度上对透明或半透明样品进行成像;而时域调制需要用到昂贵的成像设备(如条纹相机),仅适用于特定的成像领域。基于掩模调制的无透镜成像技术是本书研究的重点,掩模调制方式无须主动照明,可适用于显微成像和宏观物体成像,成像方式灵活,可实现多光谱成像及深度成像。

1.2.1　照明调制无透镜成像技术

基于照明调制的无透镜系统通过控制照明光与待成像物体的相互作用方式,利用照明光源的位置、相干性和脉冲时间等特性,采集一张或一组具有不同光照编码的图像,然后重建该编码图像即可实现无透镜成像。按照具体成像方式的不同,又可分为投影成像、全息成像、相干衍射成像和时间分辨成像。

(1) 投影成像。投影成像是基于照明调制的无透镜成像中最简单的一种成像方式,样品贴近像感器表面放置,采用一束光强恒定且均匀的照明光源直接照明样品。当照明光源到样品的距离远大于样品到像感器的距离,像感器记录下样品的等比例投影图像。该方法无须任何重建算法,可以对半透明的微小粒子(如液滴和细胞)进行成像,被广泛运用于观察细胞或微生物的生长、运动以及其他特性的监测。2005 年,Lange 等设计了一种用于研究秀丽隐杆线虫的微流控投影成像装置[7],测量了秀丽隐杆线虫的活性与环境温度间的函数关系。2008 年,Ozcan 等开发了基于投影成像的无透镜宽视场监测阵列平台[8],称为“LUCAS”,如图 1.3(a)所示;其视场面积与像感器面积相当(37.25 mm×25.70 mm),比同等分辨率光学显微镜视场大两个数量级,可以实现不同类型细胞的监测和计数。2011 年,Zheng 等通过改造像感器[9],基于投影式片上显微成像技术构建了一个智能培养皿平台,将整套系统置于培养箱内,实现了细胞生长以及胚胎干细胞分化过程的记录,如图 1.3(b)所示。

由于投影式成像系统中不存在任何光学元件,其成像分辨率仅受到像感器像素大小的限制。要想获得高分辨的投影成像,可采用小像素尺寸的像感器进行成像,也可通过在像感器上移动样品并采集多帧图像进行融合,实现亚像素分辨率成像。2010 年,Zheng 等采用像素超分辨算法,对裸藻、微球以及侵袭内阿米巴囊肿进行成像[10],取得 0.75 μm 的极限分辨率,远远超过像感器像素尺寸 3.2 μm 的限制。另外,和其他光学超分辨技术的结合也能够进一步提高投影成像的分辨率。2018 年,Tønnesen 等提出基于超分辨率投影成像（SUSHI，SUper-resolution SHadow Imaging）的新型脑组织细胞显微术[11]，如图1.3(c)所示，将投影成像与超分辨荧光成像技术相结合，实现脑组织特定区域的所有脑细胞同时成像，分辨率最高可达十纳米量级。

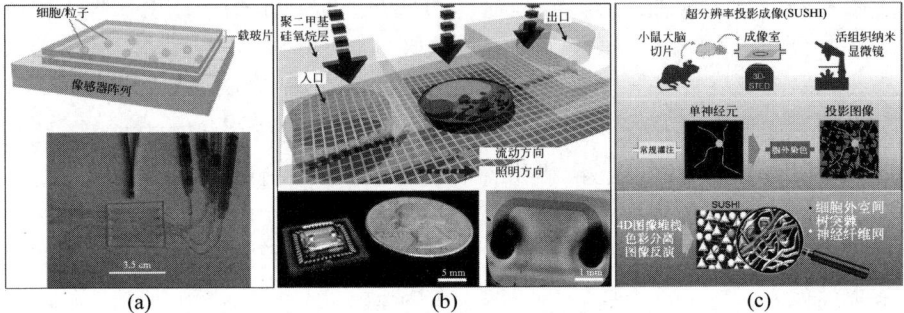

图1.3　投影式无透镜成像系统
(a) 无透镜宽视场监测阵列平台 LUCAS；(b) 亚像素光流显微镜；
(c) 超分辨率投影成像（SUSHI）流程图

在投影式成像结构中，需要保证样品和像感器的距离足够小，通常在 $500\ \mu m$ 以内[12]。若增大样品与像感器的距离，受到样品调制的照明光波将发生衍射，并随着传播距离的增大逐渐偏离样品的投影图像。此时照明光源若为非相干光源，样品图像则会变得模糊不清；而采用相干光源进行照明，样品的衍射图案与其自身光强透过率存在数理关系，可以通过衍射成像技术恢复样品信息，此类方法也被称为"无透镜全息成像"或"相干衍射成像"，相关内容将在下面详细讨论。

（2）无透镜全息成像/相干衍射成像。无透镜全息成像系统使用相干或部分相干光源照明待测样品，在像感器上获得样品的衍射图案。与投影成像类似，无透镜全息成像通常用于芯片实验室的显微成像。全息成像能够编码光波的复振幅信息，因此在图像重建时能获取比投影成像更为丰富的信息。光源的相干性是全息成像中的一个关键参数，虽然激光能够提供良好的空间和时间相干性，但是容易受到相干散斑噪声的干扰。发光二极管（LED，light emitting diode）可以根据光源的大小、带宽和到样品的距离来调节空间相干性[13-14]，因此在实际应用中被广泛采用。

由于像感器本质上记录的还是光强信息，需要通过重建算法进一步恢复样品的复振幅。一种重建的方法是将像感器上的测量图案视为样品的同轴全息图[4]，即测量图案是由照射到样品上散射的物光与未受样品干扰的参考光之间干涉产生的强度图案,然后通过数字反向传播方法(如角谱法)重建样品的复振幅[15]。然而同轴全息图中不仅包含原始物光波的复振幅,还包含样品的散射光强以及物光波的共轭光波,采用数字反向传播方法会在重建图像上叠加背景噪声和孪生像,造成成像质量的下降。在一些成像应用中[16-17],所观测的目标样品尺寸较小且相对稀疏,背景噪声和孪生像不会对重建图像的质量造成较大影响,简单的反向传播方法就可以满足这些应用的需求。对于非稀疏样品而言,重建图像质量则会受到背景噪声和孪生像的干扰。特别是当样品具有复杂的振幅和相位变化时,其散射光强将远远大于与参考光之间的干涉光强,重建图像将淹没在背景噪声中而无法分辨,因此需要采用其他方法实现高质量图像重建。

　　一种常用的方法是把测量图案看作相干衍射图案,采用相位恢复算法实现样品相位和振幅信息的提取。传统相位恢复算法需要预先获取关于样品的先验信息(如样品的振幅[18]、支撑区域[19]等),通过在物平面和测量平面之间迭代施加先验约束[20-21],实现目标样品的重建。然而在实际应用中,样品的振幅和支撑信息难以获取,此类算法仅能对纯相位或稀疏且具有清晰边界的样品进行成像。而采用多次测量的方式能提供附加的约束信息,可以用来重建(如组织切片等)高密度样品图像。例如,Greenbaum 等采集了多张不同衍射距离的强度图片[22],通过求解光强传输方程(TIE,transport of intensity equation)实现了对人类乳腺癌的组织切片、巴氏涂片以及全血涂片的成像,实验装置及图像重建流程如图 1.4(a)所示;Luo 等采集了多张不同角度照明下的测量数据来重建人体乳腺癌组织切片[23],如图 1.4(b)所示。

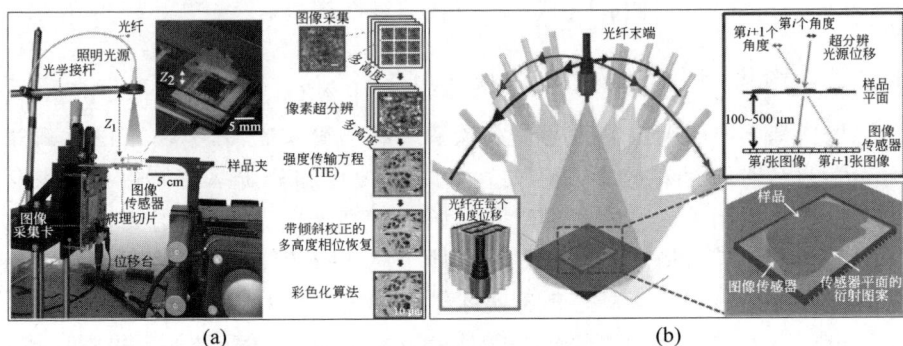

图 1.4　无透镜显微成像系统

(a)基于多平面的无透镜显微成像装置及图像重建流程;(b)基于多角度照明的合成孔径无透镜显微成像装置

由于全息成像将三维物空间的复振幅分布编码成二维强度图,因此可将压缩感知相关理论引入图像重建过程中,使得全息重建质量得到显著提高。压缩感知是由 Candès、Tao 和 Donoho 在 2006 年前后提出的一种信号处理框架[24-25],其目的是通过构造特定的编码方式,实现用较少的信号采样来重建原始信号。2007 年,Latychevskaia 等指出衍射传播过程自身就是一种有效的编码方式[26],利用传播过程的物理约束即可实现孪生像的消除。2009 年,Brady 等首次提出压缩全息的概念[27],在理论上证明了全息衍射的编码方式满足压缩感知的"不相关性"条件,并实现了仅用单幅二维全息图重建蒲公英的三维层析图像。2011 年,Hahn 等利用压缩全息技术实现了对两只活体剑水蚤的层析图像采集[28]。然而,压缩全息重建同样面临着对样品稀疏性的限制,无法直接用于重建稠密的生物样本。为了弥补这一不足,可将压缩重建方法中的稀疏表征与多次测量方法相结合,从而减少测量次数,提高成像速度[29]。压缩重建也可用于无透镜多光谱成像,对多波长照明获得的图像进行解复用[30]。

（3）时间分辨无透镜成像。时间分辨无透镜成像装置由主动照明的脉冲光源和具有时间分辨能力的像感器组成,通过记录光在光路中的反射时间差进行成像。Kirmani 等通过仿真验证了采用脉冲光源和小型阵列时间分辨像感器可实现无透镜成像[31]。Satat 等提出了一种时间分辨无透镜成像框架[32],该框架采用特定的照明图案以及像感器布局,利用压缩感知原理进行重构；该方案与传统的单像素相机相比,时间分辨探测器需要的测量次数减少为原来的 1/50。目前时间分辨无透镜成像对硬件要求较高,需要用到脉冲激光源进行照明,并采用单光子雪崩二极管(SPAD,single photon avalanche diode)阵列或昂贵的条纹相机[33]进行探测。

1.2.2　掩模调制无透镜成像技术

虽然基于照明调制的无透镜成像系统结构简单紧凑,但由于没有额外的光学调制器件调节成像视场和放大率,其视场和分辨率与像感器面积及像素尺寸直接相关。另外由于照明光源具有高度相干性,照射到粗糙的物体表面会引起随机散斑,破坏光波对物体的编码。因此,基于照明调制的无透镜成像主要应用场合局限于透明或半透明的生物样品的显微成像领域。基于掩模调制的无透镜成像系统则是通过在像感器前放置一片光学掩模,实现对场景图像的编码调制。相较于照明调制方式,掩模调制成像具备更多的成像自由度,通过设计特定的编码方式和图像重建算法,可以灵活地应用于各种场景,如三维成像[34-35]、多光谱成像[36-37]、重聚焦成像[38-39]、显微成像[39-40]等,这展示了掩模调制的无透镜成像方式在高通量、多功能成像方面具有应用潜力。

小孔成像是掩模调制成像最简单的一种形式。早在公元前 400 多年的战国时代,哲学家墨翟便在《墨经》里记载了有关小孔成像现象的描述。同时期,古希腊哲学家亚里士多德也有关于小孔成像的论述,但并未揭示小孔成像的原理。直到约 1400 年后,阿拉伯科学家海什木意识到人之所以能看见物体,是因为光线照射到物体表面,再从物体表面反射进入眼睛所导致的,而非之前人们认为的"人能看见物体是靠眼睛发射出的光线被物体反射的结果",并通过复现小孔成像实验来证明自己的观点。他在黑暗房间里的窗户上开一个小孔,这样窗外的世界就会在窗户对面的墙上投射出一个颠倒的图像,如图 1.5(a)所示[41]。海什木将其关于光学的理论和思想记录在了著作《光学之书》(Book of Optics)中,随着该著作传入欧洲,其对欧洲的科技革命产生了深远影响。自 15 世纪开始,欧洲出现基于小孔成像原理的暗箱,可以把影像投影在屏幕上。然而暗箱所形成的影像只可观察,不可记录,仅被艺术家用作绘画的辅助工具。1550 年,意大利的卡尔达诺将双凸透镜置于原来的小孔位置上,成像的效果比暗箱更为明亮清晰。1839 年,法国的达盖尔利用其发明的"银版摄影法"制成了第一台实用的银版照相机(见图 1.5(b)[42]),实现了影像的长期保存,就此揭开了现代摄影术发展的序幕。

图 1.5　小孔成像的发展

(a)暗室中的小孔成像现象;(b)达盖尔所设计的暗箱相机

小孔成像因其光通量较少,需要长时间曝光才能获得令人满意的图像,目前仅在原理展示实验和长曝光摄影中有所应用。而编码孔径成像技术基于小孔成像的原理做了进一步拓展,用一个包含多个透光孔的掩模版代替了单个小孔进行成像,解决了小孔成像曝光时间长、信噪比低的问题。编码孔径成像技术最初是为 X 射线和伽马射线成像而发明的,这类短波长射线具有极高的光子能量,能直接穿过透镜而几乎不发生偏折,因此无法采用透镜对其进行聚焦。编码孔径技术仅利用光的直线传播定律,通过在空间上对入射光的透过和吸收两种状态进行二元调制,巧妙地记录下场景图像的信息。

与透镜成像相比,编码孔径成像采集到的图像不再是"所见即所得",而是一幅包含场景光强信息的编码图像。假设在黑暗背景中存在一个点光源,像感器将采集到编码掩模的投影图像。如果改变光源的入射角度,那么像感器上的投影就会移动;如果改变光源的深度,那么投影的大小就会改变。场景图像和像感器采集图像之间的关系可用一个线性系统来表示,系统参数由掩模版图案和位置决定,使用适当的算法反演这个系统即可恢复场景的图像。因此,掩模版的设计在编码孔径成像中起着重要的作用。理想的掩模版能最大化进光量,同时提供良态的系统传递函数,使得图像重建更加稳健。常用的编码掩模包括波带片编码掩模[43]、随机孔径阵列[44]、均匀冗余阵列(URA,uniformly redundant arrays)[45]以及改进的均匀冗余阵列(MURA,modified uniformly redundant arrays)[46]等。

最早被提出用于编码孔径的掩模版是菲涅耳波带片(FZP,Fresnel zone plate)。1950 年,Rogers[47]注意到 FZP 和点源全息图之间的相似性,认为全息图是具有复杂图案的广义波带片。1961 年,Mertz 和 Young[48]提出将 FZP 用作编码孔径,在非相干照明下可以得到类似伽博全息图的编码图像,然后通过光学重建的方式解码图像;该方法也被称为"波带片编码成像"(ZPCI,zone plate coded imaging),被广泛应用于天文学[49]、核医学[50]和激光惯性约束聚变[51]等领域。

波带片编码成像包含记录和再现两个过程,如图 1.6(a)所示:第一步,用胶片记录下从辐射源发出的射线通过波带片产生的投影图案。辐射源中的每个点都在胶片上留下一个波带片的投影,投影的大小和位置代表了其对应源点的空间位置。第二步,用低功率、可见光波段的激光束照射经过处理后的胶片,每个波带片的投影将入射的激光聚焦到衍射受限的光斑上,实现源图像的再现。ZPCI 技术理论上需要采用透过率连续变化的伽博波带片(GZP,Gabor zone plate)作为编码孔径,由于 GZP 难以制作,所以从 ZPCI 技术提出以来人们都采用 FZP 作为编码孔径,如图 1.6(b)所示。FZP 具有多个焦点,而 GZP 仅包含一对共轭焦点,因此采用光学方法重建图像时

FZP 的高阶衍射级次会在主焦平面上形成离焦图像,造成重建图像质量下降。1992 年,Beynon 等提出一种二值化的 GZP[52],大大降低了 GZP 的制作难度,同时保留了 GZP 的聚焦特性,得到了较为广泛的应用。

Beynon 认为二值波带片环带的宽度不仅可以沿径向发生变化,也可以随着方位角的不同而变化。通过调整不同方位角的二值化透过率,使其沿圆周上的积分与 GZP 的对应半径上的透过率一致,即可实现 GZP 的二值化。具体地,可将一个波带片划分为若干个扇区,调整每个扇区上不同半径对应的圆弧透光部分占整个弧长的比例,使其与 GZP 相同,如图 1.6(c)展示了一个具有 16 个扇区的二值化 GZP。这样生成的波带片也被称为"汉普顿宫"波带片,因为其图案与英国汉普顿宫的天文钟外形很相似。这种波带片具有明显的辐条状结构,会导致重建图像中产生伪影。为了解决这一问题,Kirk 设计了一种旋转式二值化的 GZP,将相邻环带交错旋转半个扇区,消除了辐条状结构,如图 1.6(d)所示。可以预见,随着扇区数量的增加,二值化 GZP 将越来越接近真实的 GZP。

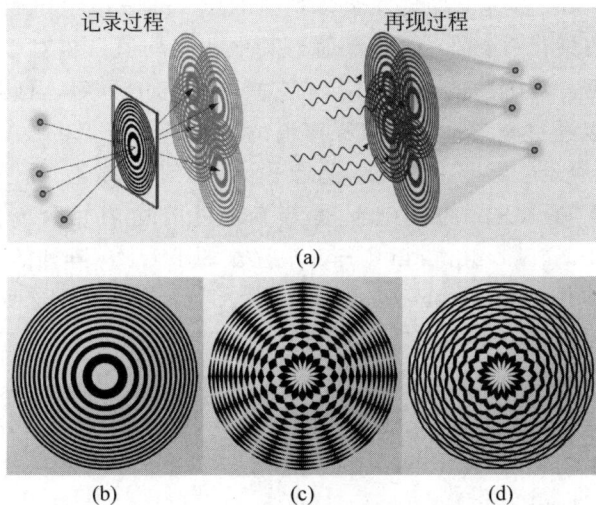

图 1.6　波带片编码成像原理图

(a)波带片编码成像的记录过程和再现过程；(b)FZP 图案；(c)二值化 GZP 图案；(d)旋转式二值化 GZP 图案

另一类广泛应用的掩模版是由多个小孔组成的孔径阵列。Dicke[53]和 Ables[54]于 1968 年分别独立提出了用于 X 射线和伽马射线成像的随机孔径阵列。随机孔径阵列本质上是对小孔成像原理的拓展。小孔成像的分辨率随着孔径尺寸的增大而降低,为了获得高分辨率,小孔的尺寸应当尽可能地小。然而缩小孔的尺寸会导致通光量减少,成像灵敏度也会随之降低。显然,在小孔成像模式下,分辨率和灵敏度是一对相互制约的参量。随机孔径阵列的解码,通过增加小孔的数量提高通光量,同时保持分辨率依然与每个小孔的尺寸相当。基于孔径阵列的编码图像的解码方法是用掩模图案与编码图案进行卷积,卷积图案的峰值表征了点源的强度和位置,从而再现辐射源图像。影响重建图像质量的一个重要特性是掩模图案的自相关函数,理想的自相关函数应当接近冲激函数。随机孔径阵列的自相关函数并非最优,其旁瓣噪声过高且不均匀,对扩展源的成像会导致这些旁瓣在背景中产生伪峰值信号,干扰成像结果。

　　1971 年,Golay[55] 提出了一类具有近乎完美成像特性的编码掩模图案,称为"非冗余阵列"(NRA,non-redundant array)。NRA 图案的自相关函数仅可能出现三个离散值:中心峰值、围绕中心峰值一定半径内的平台值,以及其余的零值或者非零均值。但 NRA 图案中透光孔的数量比较少。1978 年,Fenimore 等提出均匀冗余阵列(URA,uniform redundant array)[45],其自相关函数只有两个值:中心峰值与其他非零均值。相对于随机孔径阵列和 NRA 而言,URA 的最大优点是它具有均匀的旁瓣,因此解码图像的背景噪声可以通过减去一个常量噪声值的方法消除。但 URA 仅能生成矩形的编码孔径,在圆形孔径的成像设备上使用略有不便。1989 年,Gottesman[46] 在 URA 的基础上提出了改进的均匀冗余阵列(MURA,modified uniformly redundant arrays),它兼顾了 URA 阵列的所有优点,可以排列成六边形(HURA,hexagonal URA)[56],使得加工与使用都更为方便。目前,基于 MURA 和 HURA 的编码孔径已成功应用于工业伽马射线相机和高能天文望远镜,如美国 RMD 公司研制的小体积伽马射线相机RadCam2000[TM],以及国际伽玛射线天体物理实验室(INTEGRAL,International Gamma-Ray Astrophysics Laboratory)卫星平台所搭载的光谱仪,如图 1.7 所示[57-58]。

　　尽管当前编码孔径成像技术在 X 射线、伽马射线等短波长成像领域已有成熟的商业化应用,但相关成像方法并不能直接应用到可见光波段。其原因在于二者观测目标不同,对成像质量的要求也不同。在短波长成像领域,辐射源往往是空间稀疏的,成像的目的是获得辐射源的位置和大小,因此成像分辨率是相对较低的。要想提高成像分辨率,则需要缩小掩模版的透光孔尺寸(特征尺寸),然而在可见光波段缩小特征尺寸会引起显著的衍

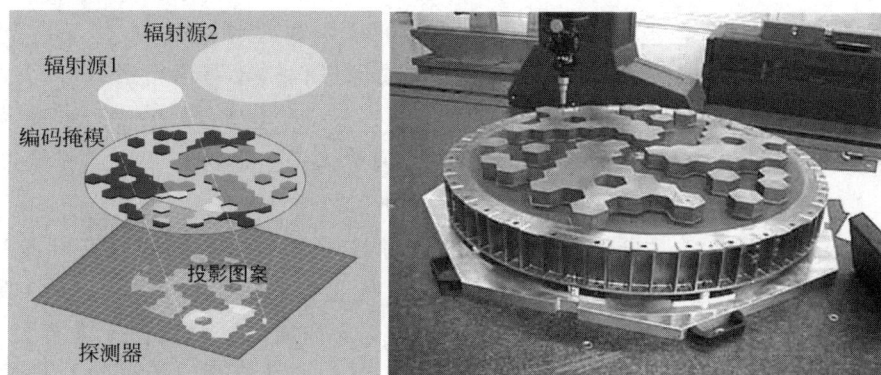

图 1.7 HURA 编码孔径成像原理与 INTEGRAL 卫星搭载的 HURA 掩模版实物图

射效应,使图像重建方法失效。因此,在可见光波段的编码掩模无透镜成像亟须新的编码方式和计算重建算法。

近年来,各国研究人员在编码掩模无透镜成像的编码模型、掩模设计、重建算法等方向不断取得研究进展(见图 1.8),无透镜成像技术已成为先进成像领域国际研发热点之一。按照编码掩模对光波调制类型的不同,可将编码掩模无透镜成像方式分为振幅型调制和相位型调制两大类。

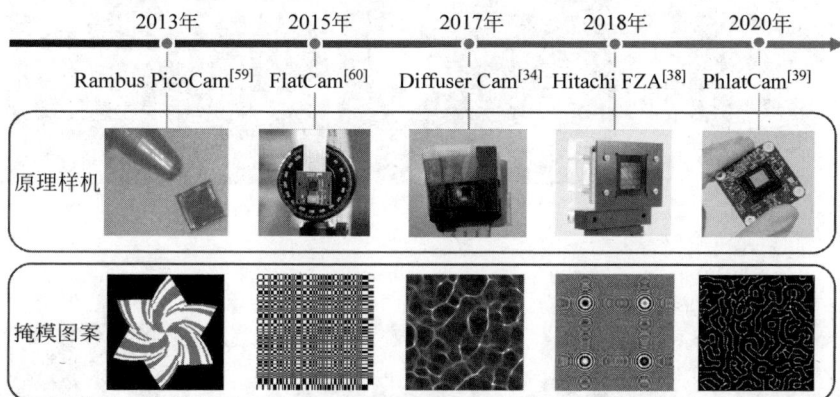

图 1.8 近年来研究人员提出的编码掩模无透镜成像原理样机及掩模图案

(1)振幅型调制。振幅型调制延续了编码孔径成像的基本思路,掩模版投影图像可认为是系统的点扩散函数(PSF,point spread function),整个测量系统可以用线性方程组表示,测量矩阵的每一列都对应着物空间某一点的 PSF。若 PSF 具有空间不变性,则编码图像为场景图像与 PSF 的卷积。为了精确描述成像过程,需要根据掩模版到像感器的距离选择合适的

传播模型来进行建模。当掩模版到像感器的距离足够小时,成像系统的
PSF 可认为是掩模版的几何阴影;否则,成像过程需要考虑衍射效应。这
个距离可以大致通过菲涅耳数[15]来确定:$N_F = a^2 / (d\lambda)$,其中 a 表示掩模
版的特征尺寸。如果 $N_F \gg 1$,那么采用几何成像模型即可有效描述成像过
程;如果 $N_F < 1$,PSF 的计算就需要考虑衍射效应。

　　美国莱斯大学对振幅型编码掩模成像技术开展了系统的研究。Asif
等基于可分离的掩模图案设计了 FlatCam 无透镜相机[60],如图 1.9(a)所
示,其掩模版到像感器的距离约为 0.5 mm,成像模型采用几何光学模型,
其图像采集和重建流程如图 1.9(d)所示。可分离掩模图案由两个一维向
量的内积构造而成,如图 1.9(c)所示。在成像的数学模型中,可分离的测
量矩阵与场景图像的一维向量相乘可转化为二维图像分别左乘和右乘一个
测量矩阵,大大减少测量矩阵的存储和计算空间。Adam 等提出一种
FlatScope 装置[40],使该设计进一步小型化(掩模版到像感器的距离缩小至
200 μm),如图 1.9(b)所示,并将其应用于荧光显微成像领域;该装置有望
突破传统显微成像视场和分辨率的制约关系,实现大视场高分辨成像。

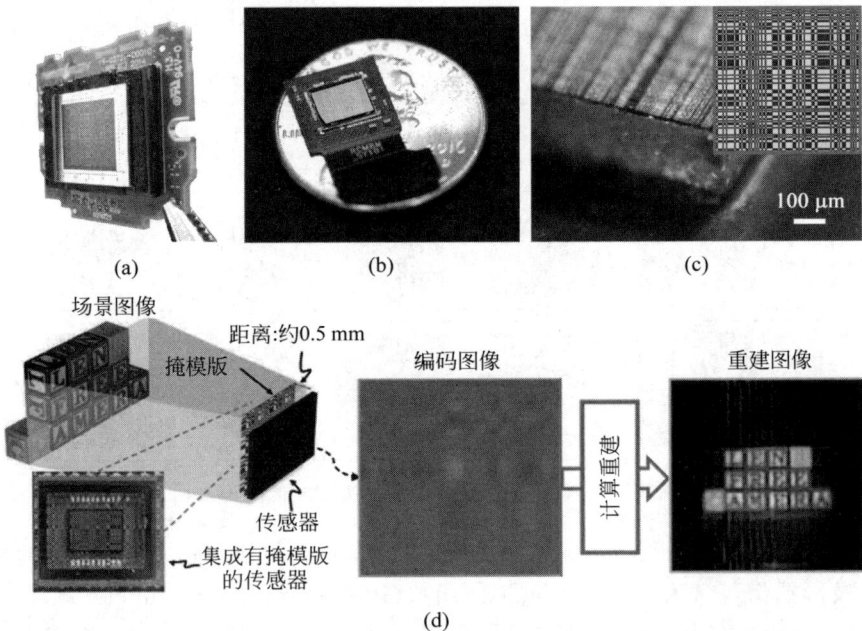

(a)　　　　　　　　　　(b)　　　　　　　　　　(c)

(d)

图 1.9　FlatCam 无透镜相机

(a) FlatCam 原理样机[61];(b) FlatScope 原理样机[40];(c) FlatCam 和 FlatScope 采用的
可分离的掩模图案[40];(d) FlatCam 图像采集与重建流程[62]

来自日本日立公司的 Nakamura、Tajima 和 Shimano 等将波带片编码成像技术拓展至可见光领域[38,63-64]，采用 FZP 作为编码掩模，称为"菲涅耳孔径"(FZA,Fresnel zone aperture)，实现了数字重聚焦的功能，可集成到移动终端、车辆和机器人中。为了消除波带片编码成像固有的孪生像问题，该方法借鉴干涉测量中的条纹扫描技术，需要采集至少四幅不同相位的波带片编码图像用来实现无孪生像的重建。本课题组对 FZA 成像方法加以改进[65]，采用全变差正则化方法实现了单帧编码图像的无孪生像重建。随着掩模版与像感器距离进一步增加，以及掩模特征尺寸的进一步缩小，衍射效应变得愈发显著。DeWeert 等设计了一种可分离的振幅型掩模[66]，其衍射的 PSF 依然保持可分离特性。本课题组采用衍射模型对 FZA 成像进行建模[67]，通过仿真计算生成了接近于真实 FZA 成像系统的 PSF。

（2）相位型调制。相位型调制相较于振幅型调制具有更大的光通量，因此在成像信噪比上更具优势。2013 年，Rambus 公司设计了基于螺旋相位光栅的 PicoCam[59]，该相位光栅对不同波长的调制相对稳定，因此适用于宽光谱的成像；该方法也被拓展到无透镜热成像[68]领域中。Boominathan 等通过分析编码掩模成像中理想 PSF 的性质[39]，提出一种轮廓线型的 PSF，并利用相位恢复算法设计了相位掩模，使其能够产生高对比度的 PSF。

还有一类采用散射屏作为编码掩模的成像方法，能产生伪随机的 PSF，因为无须特别设计和加工掩模版，能够以低廉的成本搭建一台无透镜相机。Singh 等提出一种基于散射屏的显微镜[69]，利用散射屏产生的散斑图案的自相关函数接近冲激函数的特性，采用互相关的方法来重建原始图像。Antipa 等基于散射屏搭建了 DiffuserCam 相机[34]，在拍摄前需预先进行实验标定获得不同深度的 PSF 图案，在每个深度上近似为一个具有空间平移不变性的线性系统，结合基于稀疏表示的压缩感知重建算法，可实现对空间三维物体的成像（见图 1.10(a)）。进一步地，Cai 等利用 DiffuserCam 的散射屏实现了四维光场成像[70]；Monakhova 等在 DiffuserCam 的像感器前贴放了一层滤光片[36]，实现了单帧图片的高光谱重建，如图 1.10(b)所示。

由于散射屏无须经过特殊设计，获取方式简单，也逐渐被应用于光纤内窥镜成像领域。使用散射屏代替光纤末端的透镜（或者直接移除透镜）进行成像，能够缩小内窥镜末端的直径，实现内窥成像。2016 年，Porat 等利用散斑相关方法实现无透镜光纤束成像[71]。2019 年，Shin 等将随机编码掩模置于光纤束末端[72]，实现无透镜的显微内窥镜系统，其末端直径仅有几

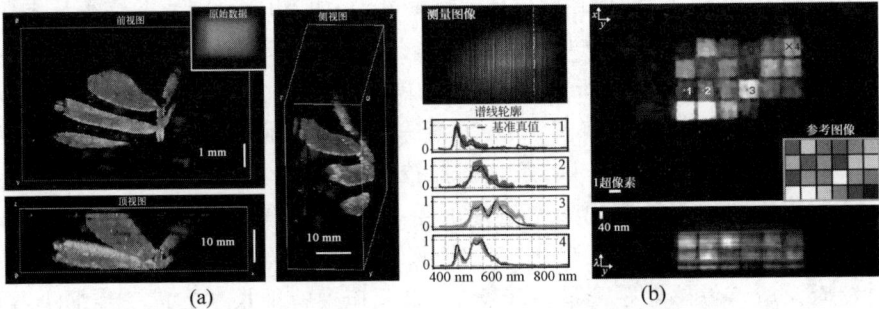

图 1.10　DiffuserCam 在三维成像和高光谱成像中的应用

(a) 采用 DiffuserCam 对植物叶片进行三维重建结果；(b) 采用 DiffuserCam 实现高光谱重建(左下角展示了重建的光谱分布接近于采用光谱仪测量的光谱分布)

百微米。2020 年，Li 等将散射屏应用于眼底镜成像[73]。

　　上述研究主要将重点放在提高图像重建算法的稳健性，尚未重点关注图像重建的效率。一方面，成像的稳健性是非相干无透镜成像技术的难点之一，需要通过硬件端的编码掩模设计和软件端的重建算法优化共同配合完成，实现对目标场景清晰成像是无透镜成像的首要目标。另一方面，在传统优化算法框架下，成像质量和计算时间是一对相互制约的参量，即使在算法计算效率很高的情况下，仍需要若干次迭代计算才能获得高质量的重建图像。近年来，以深度学习为代表的人工智能技术已在计算机视觉、计算光学成像等众多领域带来新的变革，基于深度学习技术的无透镜成像技术也逐渐成为受关注的热点。深度学习技术的引入，在图像的重建质量和计算时间上都有望带来突破性的提升，这也是无透镜成像技术发展的前沿研究方向。

1.3　深度学习技术在无透镜成像中的应用

　　深度学习技术作为一种数据驱动的方法，被广泛应用于图像处理、语音识别、自然语言处理、无人驾驶等领域。深度学习的概念最早由 Hinton 等于 2006 年提出[74]，其研究框架基于人工神经网络（ANN，artificial neural network）。ANN 是早期机器学习领域的一个重要算法，其原理是模拟大脑中神经元相互连接的生理结构，通过训练连接网络节点之间的权重，获得最佳的权重参数，使得神经网络的输出层产生正确的预测结果。ANN 的研究最早可追溯到 1943 年，美国心理学家 McCulloch 与数学家 Pitts 共同建立了神经网络的数学模型，称为"MP 模型"[75]。然而在之后相当长的一段时间中,ANN 受限于算法和计算机的运算能力,未能取得长足的发展。而进入 21 世纪(尤其是 2010 年以来),随着互联网及移动互联网技术的发展,使得各类数据(如图像数据、语音数据、文本数据等)呈爆发式增长,同时带来了相应的数据存储处理技术,为深度学习的发展奠定了基础。而图形处理器(GPU,graphics processing unit)的广泛运用,使得并行计算变得更高效,计算成本大幅降低,直接促进了深度学习的大规模应用,带动了现今人工智能发展的高潮。

深度学习中所谓"深度",指的是神经网络中除输入输出层以外还具有非常多的隐藏层,同时含有非常多的可学习参数。正是由于庞大的网络参数数量,深度神经网络对复杂问题具有强大的拟合能力,对于物理模型复杂甚至未知的问题,深度学习往往都能给出令人满意的结果。与基于迭代的优化算法相比,基于数据驱动技术的深度学习方法在无透镜成像应用场景下具有显著的优势。首先,深度学习方法不依赖或较少依赖于已知的成像模型,而是通过学习图像之间的映射关系去拟合实际的成像模型,因此能够更好地处理已知模型和实际成像过程的误差。其次,数据集中包含了重建场景的先验统计信息,深度学习方法能够根据输入图像的特征分布自动选择合适的参数重建图像,无须针对每张图片手动调整参数。最后,结合GPU 并行计算的高性能硬件平台,深度学习方法可以实现图像的实时采集和重建,其计算效率远优于基于迭代的优化算法。

基于前文所述的几个有代表性的无透镜相机平台,研究者们也提出了相应的深度网络重建算法。譬如 DiffuserCam 相机的图像重建,使用了算法展开的策略对交替方向乘子法(ADMM,alternating direction method of multipliers)优化算法的参数进行训练,兼顾了较少的训练样本和较快的重建速度[76];FlatCam 相机的图像重建将成像正向模型的参数作为训练参数,同时辅以画质增强网络进行重建[77];FZA 相机的图像重建采用衍射模型生成大规模数据集,并使用了 U-Net 和深度反投影网络(DBPN,deep back-projection networks)进行画质增强[67]。浙江大学的研究团队对无透镜成像的深度学习重建方法开展了较为深入的研究,提出 LAsNet(Learned Analytic solution Net),将物理成像模型与深度学习相结合以实现高质量图像重建[78],并进一步提出深度噪声先验的神经网络用于解决 FlatCam 图像重建问题[79]。

深度学习技术不仅可用于图像重建,也被用来设计成像元件;通过硬件端和算法端的联合设计,能够突破成像质量的瓶颈。Horisaki 等首次将深度学习技术应用于编码孔径的掩模设计中[80]，将场景图像与编码孔径的卷积作为神经网络的卷积层，掩模图案作为可学习参数，通过联合训练成像模拟网络和图像重建网络，同时实现掩模版设计和高质量重建。普林斯顿大学的研究人员自 2016 年起陆续开展了基于衍射光学元件的端到端成像系统设计[81-83]。2021 年，普林斯顿大学和华盛顿大学的研究团队合作设计了一款微米级相机[84]，如图 1.11 所示。该相机用一层极薄的超构表面结构取代了体积庞大的透镜组，将决定超表面相位的多项式系数作为可优化变量，结合基于特征的神经解卷积方法实现了接近传统透镜相机的成像质量。

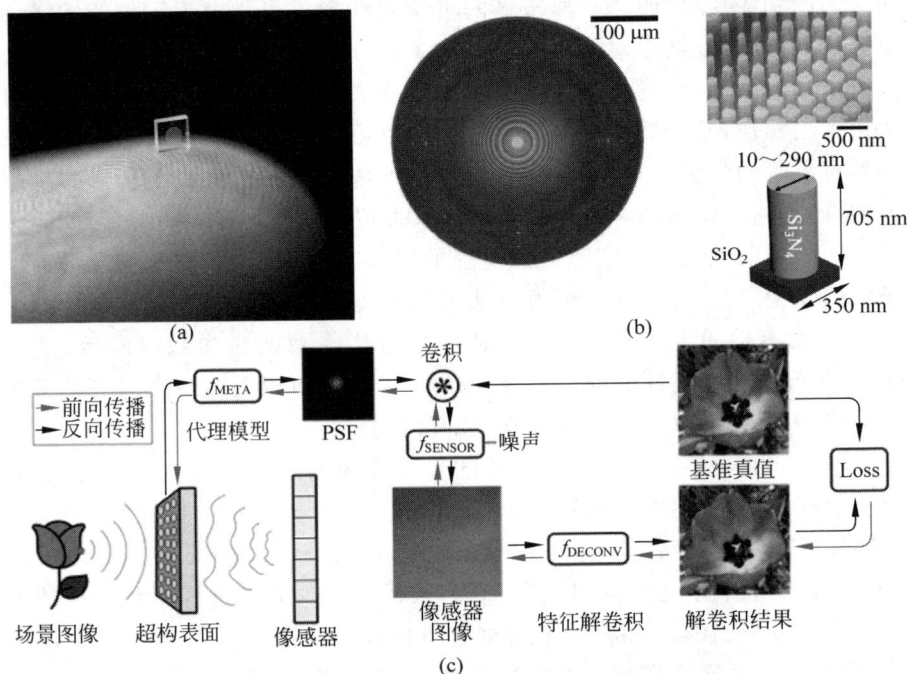

图 1.11　美国普林斯顿大学和华盛顿大学研制的微米级相机
（a）超构表面实物图；（b）超构表面微观结构示意图；（c）端到端的优化方法流程图（其中包含成像模型和图像解卷积算法）

1.4　非相干无透镜成像面临的挑战

通过对非相干无透镜成像方法的回顾可以看到，成像目标从早期的单维度稀疏目标逐渐发展成多维度复杂场景目标；重建方法从卷积相关方法、迭代优化方法逐渐过渡到深度学习方法；应用场景从短波长拓展到可见光波段,宏观成像拓展到微观成像。非相干无透镜成像的整体趋势朝着高质量、多维度、实时成像方向发展,如图 1.12 所示。

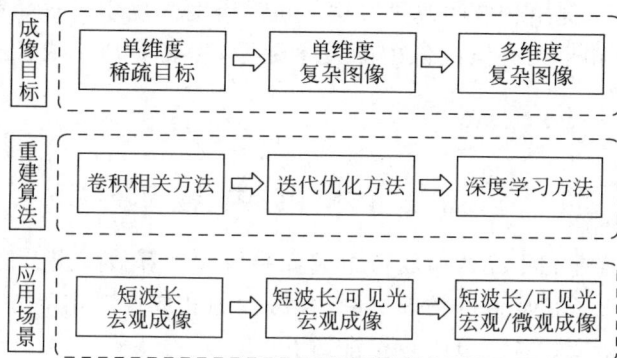

图 1.12　非相干无透镜成像发展趋势

当前,基于编码掩模的非相干无透镜成像技术仅在 X 射线、伽马射线等短波长成像领域有成熟的商业化应用,而在可见光波段的成像仍处于探索起步阶段。美国莱斯大学和加州大学伯克利分校于 2022 年发表的综述文章中指出[85],无透镜成像技术在系统尺寸、重量、成本以及可扩展性方面具有得天独厚的优势,但依然面临诸多挑战,致使其潜在优势尚未充分得到发挥,主要包括以下三个方面的问题：

（1）分辨率低。现有的无透镜编码掩模成像技术采用几何光学模型对编码掩模成像进行近似。在几何光学近似下,掩模版的特征尺寸越小,分辨率越高。然而当特征尺寸小到与波长量级相当时,衍射效应带来的模型误差会引起重建伪影,极大地降低了图像质量。因此如何打破衍射效应对成像质量的制约是提高编码掩模成像质量的关键。

（2）计算量大。图像重建算法本质上都是数学优化问题,而优化问题通常不具备封闭解,或者封闭解的直接求解在现有的计算资源下是不可行的。基于迭代的优化算法能够通过成百上千次的迭代去逼近最优解,其代价就是需要耗费大量的时间,在现有的计算体系框架下几乎无法做到实时成像。

（3）标定过程复杂。为了获得系统参数,通常需要在拍摄之前进行严格的标定,通过直接测量或者间接计算的方式来获取测量矩阵 。因此标定光源与像感器之间的相对位置需要精确测量,并且在标定过程中需要尽可能降低环境对成像系统的干扰,任何不稳定因素(如振动、背景光的变化)都可能导致标定失败。

针对上述问题,本书通过对非相干无透镜成像的物理模型和重建算法进行深入分析,提出相应的改进方法;同时借助深度学习这一强有力的工具,以突破非相干无透镜成像中的技术瓶颈,提高无透镜成像技术的综合性能。

1.5　本书内容

本书围绕非相干无透镜成像中成像质量和计算效率提升的核心问题,针对非相干无透镜成像的物理机制、算法性能和成像应用等方面开展了系统和深入的研究。各章节内容安排如下:

第1章介绍了无透镜计算光学成像模型的技术特点和技术路径,综述了无透镜成像技术的发展现状,分析了非相干无透镜成像面临的挑战,给出了本书的研究目标与内容安排。

第2章介绍了逆问题的不适定性,分析了成像逆问题所面临的挑战,介绍了改善逆问题不适定性的正则化方法。分析了神经网络的典型结构、损失函数和优化算法,阐述了深度学习在逆问题求解中的应用,并比较了MLP、ResNet和U-Net经典网络结构的优缺点。基于线性逆问题理论框架,给出了非相干无透镜编码掩模成像的成像模型和参数,并针对掩模版对成像系统的影响做了定性和定量分析。

第3章研究了菲涅耳孔径编码成像的物理模型,基于积分模型推导了菲涅耳波带片编码成像的图像重建方法,分析验证了菲涅耳孔径编码图像与同轴全息图在数学形式上的等效性,并揭示了重建图像中孪生像的生成机制。根据孪生像和原始图像在梯度域的稀疏性差异,构建了全变差正则化下的菲涅耳编码孔径成像重建模型,消除了反向传播重建中的孪生像噪声,提高了成像信噪比。

第4章针对小尺寸像感器在菲涅耳编码孔径成像中分辨率低的特点,提出基于部分采样的编码掩模的压缩感知成像模型。分析了菲涅耳孔径编码成像测量矩阵的不相关性,设计了基于交替方向乘子法的压缩重建算法。实验表明仅使用少量测量数据即可恢复清晰的图像,验证了基于菲涅耳孔径编码成像构建多像感器架构的可行性。

第5章针对衍射效应导致图像重建模糊的问题,提出宽带光源照明下编码掩模成像系统的点扩散函数计算方法,并将点扩散函数用于深度学习数据集的生成,避免了烦琐冗长的数据集采集流程。基于 U-Net 和图像超分辨网络设计了端到端的网络模型,实现了图像快速高质量重建。在同等图像质量情况下计算速度比迭代优化算法提高了两个数量级。

第 6 章研究了无透镜光纤束成像模型,分析了物体到光纤端面距离对成像质量的影响,给出了最优工作距离与纤芯间距的关系。提出了基于深度神经网络的光纤束成像分辨率增强方法,实现了单帧光纤束图像的快速高分辨成像,提高了成像分辨率和成像对比度,提出的分辨率增强网络可以用于提高胶质母细胞瘤识别性能。

第 7 章对本书的研究内容进行了总结和展望。

第 2 章　非相干无透镜计算成像理论框架

2.1　本章引言

非相干无透镜成像采用掩模调制的方式对场景图像进行编码。场景中的每一个光源将编码掩模的阴影投射在像感器上,不同空间位置的光源所产生的投影位置和大小有所不同,在像感器上形成的编码图像是掩模投影的位移和缩放版本的叠加。因此基于编码掩模的非相干无透镜成像模型本质上属于线性回归模型,从编码图像中恢复场景图像则属于线性逆问题。线性逆问题广泛存在于各类成像技术当中,如图像去模糊[86]、计算机断层扫描[87]、压缩光谱成像[88]等,目前已有不少数值解法被提出。逆问题求解过程中面临的主要难题是问题的不适定性,反映在编码掩模成像中,即模型误差以及编码图像中存在的噪声会导致重建图像产生大的扰动。近年来,深度学习技术的发展为逆问题的求解提供了新的解决方案,其在诸多成像逆问题领域取得了突破性进展,展现出了巨大的潜力。

本章首先介绍了成像逆问题的不适定性,分析了逆问题中所面临的挑战,介绍了改善逆问题不适定性的正则化方法。其次通过对神经网络的典型结构、损失函数和优化算法进行分析,阐述了深度学习在逆问题求解中的应用。最后给出非相干无透镜编码掩模成像的成像模型和参数,并针对掩模版参数对成像质量的影响进行了初步分析。

2.2　逆问题及其求解方法

逆问题又称为"反问题",是指根据事物的演化结果,由可观测的现象来探求事物的内部规律或所受的外部影响,有着倒果求因的特点。逆问题广泛存在于各种工程技术领域,尤其在成像领域更为常见。正如哲学家康德之观点:"人类所观察到的事物并非事物本身的原貌",成像器件所能记录下的物体的信息与真实世界并不完全相同。例如,像感器在电磁波谱的有限区间将收集到的光信号转换为电信号,最终得到数字图像的灰度值,整个图像获取过程实际上是对有限电磁波谱范围内能量的积分过程。要想从图像中获取到真实物体的信息(如任一时刻物体的光强),则需要对积分过程做逆运算。然而逆问题通常是非适定性问题,其在求解过程中具有不稳定性,这就导致逆问题相对于正问题而言在求解上具有更大的难度。因此如何提高逆问题求解的数值稳定性是逆问题研究的重点。

2.2.1　逆问题的不适定性

适定问题的概念可以追溯到 Hadamard 在 1902 年发表的关于偏微分方程物理意义的论文[89]。Hadamard 认为适定问题应当满足以下三个条件:

(1) 问题的解存在;

(2) 问题的解唯一;

(3) 解能根据初始条件连续变化,不会发生跳变,即解必须稳定。

若以上三个条件中有任意一个条件不满足,则称该问题为"不适定问题"。而在逆问题中,通常不满足第三条稳定性条件,即已知数据中存在的微小的扰动(如噪声和模型误差等),都会造成解的大幅度变化。

成像领域中的大多数逆问题都与图像获取时的积分过程有关,其一维形式可以用下面的线性积分方程来表示:

$$f(t) = \int_a^b h(t,s)\varphi(s)\mathrm{d}s + e(t) \tag{2-1}$$

其中 $f(\cdot)$ 为成像过程中所获取到的测量数据; $\varphi(\cdot)$ 为待求解的目标数据; $e(\cdot)$ 为噪声项; $h(\cdot)$ 为积分方程中的核函数,在不同的应用中有不同的物理意义,在空域成像问题中往往代表了成像系统的 PSF。式(2-1)属于第一类弗雷德霍姆积分方程,它是典型的不适定的方程。在理想成像情况下 $h(\cdot)$ 为冲激函数,根据冲激函数的卷积性质,整个积分项即等于待求解的目标数据。在非理想成像情况下 $h(\cdot)$ 表现为一个滤波器,它使得输入图像在某些频率分量上受到抑制和衰减。现在进一步假定成像系统的 PSF 具有平移不变性,则式(2-1)可以写成:

$$f(t) = \int_a^b h(t-s)\varphi(s)\mathrm{d}s + e(t) \tag{2-2}$$

如果 $h(x)$ 和 $\varphi(x)$ 都绝对可积,则可对式(2-2)作傅里叶变换并利用卷积定理得到:

$$F(\omega) = H(\omega)\Phi(\omega) + E(\omega) \tag{2-3}$$

其中 $H(\omega)$、$\Phi(\omega)$、$E(\omega)$ 和 $F(\omega)$ 分别是 $h(t)$、$\varphi(t)$、$e(t)$ 和 $f(t)$ 的傅里叶变换。那么待求解的目标数据的傅里叶变换可以通过如下逆运算得到：

$$\Phi(\omega) = \frac{F(\omega)}{H(\omega)} - \frac{E(\omega)}{H(\omega)} \tag{2-4}$$

式(2-4)相当于让测量数据通过一个逆滤波器 $1/H(\omega)$，再减去一个噪声引起的误差项 $E(\omega)/H(\omega)$。然而由于 $H(\omega)$ 在某些频率成分上趋于零，导致 $1/H(\omega)$ 在这些频率上的值趋于无穷大。并且实际情况中噪声的数值是未知的，噪声引起的微小的扰动都会造成误差项 $E(\omega)/H(\omega)$ 产生很大的变动，这意味着逆滤波的解将不是连续地依赖测量数据。

为了验证该类问题的不适定性，可构造数值实例直观地展示逆滤波方法解的不稳定性。设一非理想成像系统具有高斯型 PSF，将原始图像和高斯型 PSF 进行卷积产生模糊降质的测量图像。假定 PSF 准确已知，并给测量图像加上高斯噪声模拟带噪声的观测，这里将图像信噪比（SNR, signal to noise ratio）作如下定义：

$$\text{SNR} = 10\lg \left[\frac{\sum_p f_p^2}{\sum_p (\hat{f}_p - f_p)^2} \right] \tag{2-5}$$

其中 $\hat{f}$ 表示含噪声的测量图像，下标 p 表示离散图像的像素索引。现采用逆滤波方法对模糊降质的图像进行恢复，即实现图像解卷积操作。图 2.1 给出了不同信噪比条件下采用逆滤波方法对非理想成像系统的图像恢复结果。其中第一行展示了不同信噪比下的测量图像，可以看到在 SNR≥80 dB 情况下，噪声对测量图像的影响微乎其微，肉眼几乎无法分辨出噪声的存在。然而重建图像却对噪声极为敏感，只有当测量图像 SNR≥120 dB 时，恢复图像的噪声才在可接受范围内。当测量图像 SNR≤80 dB 时，恢复图像几乎淹没在噪声中而无法辨别。进一步地，可以计算恢复图像相对原始图像的 SNR，在测量图像的 SNR=120 dB 时，恢复图像的 SNR=18.6 dB；而测量图像的 SNR=80 dB 时，恢复图像的 SNR=−18.8 dB，相当于信号和噪声的数量级发生了反转。

在实际问题中要想得到高达 120 dB 信噪比的测量数据几乎是不可能的，因此单纯的逆滤波方法无法直接应用到实际的逆问题求解中。而且在该实例中，问题的不适定性也远没有实际问题严重。在实际问题中还将面临如下非理想因素，进一步加剧问题求解的不稳定性：

（1）边界条件问题。实际观测数据并非原始数据与卷积核的完全卷

图 2.1　不同信噪比下逆滤波方法对非理想成像系统的图像恢复结果比较

积,数据边界的截断破坏了边界附近的卷积关系,造成理论模型与实际模型的误差。

（2）系统传递函数存在零点。传递函数的零点会导致逆滤波出现无穷大的值,使得逆滤波的解出现问题,即使是无噪声的测量数据也无法用逆滤波方法恢复原数据。

（3）卷积核的估计误差。在实际问题中卷积核通常是未知的,需要通过先验信息对卷积核进行估计,此时问题的解对卷积核的估计误差十分敏感。

由此可见在实际应用中,测量噪声和模型误差是实际逆问题求解困难的来源,但其本质上是由于不适定问题的解对噪声和误差的敏感。一方面,可以采用更先进的测量手段和器件降低测量噪声,采用更精确的物理模型减小模型误差;另一方面,可以设计求解方法或修改问题模型,比如引入正则化方法,使结果不敏感于噪声和误差。

2.2.2　线性逆问题求解的正则化方法

20 世纪 40 年代,Tikhonov 等详细研究了不适定问题[90],并提出了一套处理不适定问题的理论方法,称为"正则化",其目的是通过修改一个不适定问题使其成为适定问题,使问题的解在物理上是合理且稳定的。当然,在构造适定问题时并非对不适定问题无条件地修改,而是需要遵循实际问题的先验知识。因此,正则化的基本思想是利用关于解的先验知识构造附加约束或改变求解策略,使逆问题的解变得稳定。目前研究人员已发展出了多种多样的正则化技术和方法,广泛地应用于各类逆问题求解当中。

式(2-1)是定义在连续空间中的积分方程,要想得到数值解通常需要对其进行离散化处理。对于任意线性系统,均可用如下线性方程组来表示:

$$f = Hu + n \tag{2-6}$$

其中小写粗体字母表示有限维向量,大写粗体字母表示矩阵。向量 u 表示原始数据的离散化采样;向量 f 表示测量数据的离散化采样;H 代表整个线性系统特性的线性算子,其本质为一个测量矩阵;向量 n 表示加性噪声。当式(2-6)中的算子 H 已知时,在没有噪声的情况下,原始数据可通过对测量矩阵 H 求逆得到:

$$u = H^{-1}f \tag{2-7}$$

但对于实际问题而言,测量矩阵 H 不一定是方阵。这种情况下,测量矩阵 H 的逆矩阵 H^{-1} 不存在,式(2-6)表现为欠定或者超定方程组,这意味着方程组要么没有解,要么有很多解,显然这不满足 Hadamard 定义下适定问题的条件(1)或条件(2)。条件(3)不像其他条件那样直观,但线性代数为分析矩阵的稳定性提供了充分的判断标准,譬如可用矩阵的条件数来确定矩阵是否为病态矩阵。

当测量矩阵 H 不是方阵,式(2-7)中的逆矩阵可以用伪逆矩阵来取代。采用伪逆矩阵的计算结果等价于如下最小化问题的解:

$$\min_{u} \left\| Hu - f \right\|_2^2 \tag{2-8}$$

求解该优化问题可以先通过对 u 求导,并令导数为零,再从该方程中得到解。根据方程组个数 M 和未知量个数 N 的不同,伪逆的形式也有所不同。当 $M > N$ 时,方程组是超定的,此时伪逆也称为"左逆",定义为

$$H_{\text{over}}^{-1} = (H^{\text{T}}H)^{-1}H^{\text{T}} \tag{2-9}$$

当 $M < N$ 时,方程组是欠定的,此时伪逆也称为"右逆",定义为

$$H_{\text{under}}^{-1} = H^{\text{T}}(HH^{\text{T}})^{-1} \tag{2-10}$$

伪逆的引入使得线性方程组的解存在且唯一,但依然不能保证解的稳定性,其原因在于测量矩阵 H 的协方差矩阵可能是奇异矩阵。因此,正则化项 $\mathcal{R}(u)$ 将被添加到式(2-8)中,构成如下最小化问题:

$$\min_{u} \left\{ \left\| Hu - f \right\|_2^2 + \tau\mathcal{R}(u) \right\} \tag{2-11}$$

其中 τ 是控制正则化项权重的参数。正则化项通常包括对向量空间范数的

平滑度和界限的限制。下面对逆问题求解中常用的正则化技术以及相应求解方法作简单介绍。

（1）Tikhonov 正则化。Tikhonov 正则化是最常见的形式之一，在统计学中它被称为"岭回归"，在机器学习领域则被称为"权重衰减"。它采用 l_2 范数作为正则化项，其最小化问题可表示为

$$\min_{\boldsymbol{u}}\left\{\left\|\boldsymbol{Hu}-\boldsymbol{f}\right\|_2^2+\tau\left\|\boldsymbol{u}\right\|_2^2\right\} \tag{2-12}$$

优化目标函数中均为二次项，具有可微的性质，其具有如下形式的封闭解：

$$\hat{\boldsymbol{u}}=(\boldsymbol{H}^{\mathrm{T}}\boldsymbol{H}+\tau\boldsymbol{I})^{-1}\boldsymbol{H}^{\mathrm{T}}\boldsymbol{f} \tag{2-13}$$

其中 $\boldsymbol{I}$ 为单位矩阵。将式（2-13）与式（2-9）进行比较可以看到，Tikhonov 正则化的本质是对非满秩的矩阵 $\boldsymbol{H}$ 的协方差矩阵 $\boldsymbol{H}^{\mathrm{T}}\boldsymbol{H}$ 的每一个对角元素加入一个很小的扰动 τ，使得奇异的协方差矩阵求逆变为非奇异矩阵的求逆，从而大大改善求解非满秩矩阵的数值稳定性。

（2）l_0 和 l_1 正则化。l_0 和 l_1 正则化即采用 l_0 和 l_1 范数作为正则化项，相对 Tikhonov 正则化而言能够产生稀疏解。l_0 范数并非真正意义上的范数，因为它不满足范数定义中的齐次性。l_0 范数主要用来表示向量中非零元素的个数。因为 l_0 正则化很难求解，是一个无法在多项式时间内完成的问题，因此一般采用 l_1 正则化代替 l_0 正则化进行求解。图 2.2 给出了三维空间中不同 p 值的 l_p 范数度量下的等值面的变化情况。可以看到当 $0<p<1$ 时，l_p 范数的等值面为非凸集，并且在坐标轴上含有尖锐的角点。正是这些尖角使得目标函数的等值面很容易与坐标轴上的尖角相交，从而产生稀疏解。l_1 正则化是 l_0 正则化的最优凸近似，比 l_0 容易求解，并且也有比较突出的边角，所以也可以实现稀疏的效果。而 l_2 范数的等值面为光滑的球面，目标函数的等值面相交的位置在各个方向上都具有相同的概率。因此 l_2 正则化（Tikhonov 正则化）不具备稀疏性。

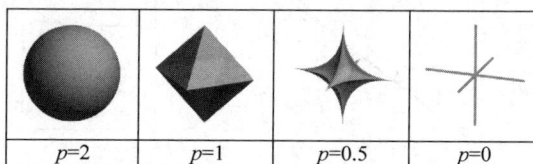

$p=2$	$p=1$	$p=0.5$	$p=0$

图 2.2　三维空间中不同范数度量下的等值面

l_1 正则化又被称为 LASSO（least absolute shrinkage and selection operator）正则化，其对应的优化问题又称为"LASSO 问题"，具有如下形式：

$$\min_{u}\left\{ \left\| \boldsymbol{Hu} - \boldsymbol{f} \right\|_{2}^{2} + \tau \left\| \boldsymbol{u} \right\|_{1} \right\} \tag{2-14}$$

LASSO 问题仍然是一个凸优化问题，不过不再具有封闭解，需要通过优化算法迭代求解。其能够产生稀疏解的优良性质吸引了众多学者进行研究并开发了高效的求解方法。常用的求解方法有迭代收缩阈值算法（ISTA，iterative shrinkage thresholding algorithm）[91]、两步迭代收缩阈值算法（TwIST，two-step iterative shrinkage thresholding）[92]、快速迭代收缩阈值算法（FISTA，fast iterative shrinkage thresholding algorithm）[93]、交替方向乘子法（ADMM，alternating direction method of multipliers）[94]等。

（3）全变差正则化。全变差是全变分（TV，total variation）的离散形式。对于二维图像而言，TV 定义为图像梯度幅值的积分：

$$\mathrm{TV}(f, \Omega) = \int_{\Omega} | \nabla f(x, y) | \, \mathrm{d}x \, \mathrm{d}y = \int_{\Omega} \sqrt{f_{x}^{2} + f_{y}^{2}} \, \mathrm{d}x \, \mathrm{d}y \tag{2-15}$$

其中 $f_{x} = \dfrac{\partial f}{\partial x}$，$f_{y} = \dfrac{\partial f}{\partial y}$，$\Omega$ 是图像的支撑域。Rudin 等[95]注意到受到噪声污染的图像相较于未受噪声污染的图像会有较大的 TV 值，即其梯度绝对值的总和较大。因此若能找到一个与原图像相似且 TV 较小的图像，即可作为原图像的降噪结果，该方法也被称为"ROF 去噪模型"。图 2.3 展示了5 种定义在 $[0, a]$ 上的一维函数，它们都具有相同的 TV，可以看出 TV 最小化能够抑制噪声，但并不对解强加一种平滑作用，这样就有可能使得解的跳变边缘得到保持，因此基于 TV 正则化的图像重建方法可以在去除噪声的同时保留边缘。

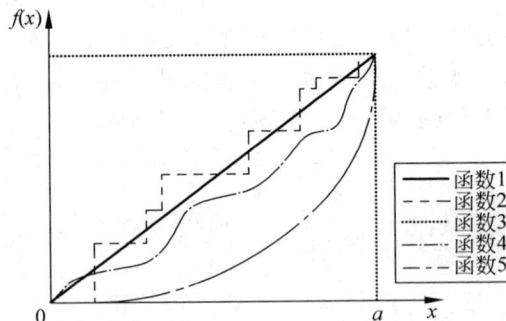

图 2.3   一组定义在 $[0, a]$ 上具有相同全变分的一维函数

基于 ROF 模型的线性逆问题求解可转化为如下最优化问题：

$$\min_{f} \mathrm{TV}(f, \Omega) \quad \mathrm{s.\,t.} \quad \left\| f - \hat{f} \right\|_{2}^{2} = \varepsilon \tag{2-16}$$

其中 ε 是一个与噪声程度相关的容差值。求解该问题需要借助变分法,建立 Eular-Lagrange 方程进行求解。而对于数字图像而言,通常将其进行离散化求解。在离散化的情况下,全变分则变为全变差,其定义为

$$\mathrm{TV}(f) = \sum_{m,n} \parallel \nabla f_{m,n} \parallel_2 = \sum_{m,n} \sqrt{\mid f_{m+1,n} - f_{m,n} \mid^2 + \mid f_{m,n+1} - f_{m,n} \mid^2}$$

(2-17)

其中 m、n 表示二维离散图像的像素索引。上述定义中的全变差具有各向同性的性质,由于平方根的存在,实际求解处理起来较为复杂,为了方便计算可采用基于 l_1 范数的各向异性的全变差版本,其定义为

$$\mathrm{TV}_{\mathrm{aniso}}(f) = \sum_{m,n} [\mid f_{m+1,n} - f_{m,n} \mid + \mid f_{m,n+1} - f_{m,n} \mid] \quad (2\text{-}18)$$

全变差正则化也存在一些不足之处,如容易平滑掉图像的细节,并出现分块平滑的阶梯现象。研究人员针对这些问题提出了相应的改进版本,如 Farsiu 等在全变差正则化的基础上,结合双边滤波器提出了双边全变差 (BTV, bilateral total variation) 的正则化方法[96],参考了值域像素与其邻域的关系,能够更好地保持图像的边缘;Kristian 等提出一种广义全变差 (TGV, total generalized variation)[97] 作为对全变差正则化的推广,TGV 将图像的二阶差分项考虑在内,因此能有效地避免全变差正则化导致的阶梯效应。

2.3　深度学习在逆问题求解中的应用

通过 2.2 节的分析可以看到,逆问题的解析和数值求解方法需要明确地知道问题的前向模型,并利用正则化方法对问题的解施加一些先验约束,使问题的解唯一且稳定。然而实际问题往往复杂多样,很难获取到精确的前向模型以及先验信息。而且逆问题的数值求解方法需要迭代优化求解,针对具体实例需要手动调节参数,且计算过程较为耗时。

深度学习作为机器学习的一个分支,使用多个神经元作为计算单元,以一个输入层、一个或多个隐藏层以及一个输出层的结构来构成深度神经网络模型。网络模型中含有大量非线性运算及可学习参数,因此对复杂模型具有强大的表征能力。通过大量数据集的训练,网络模型可以学习到蕴含在数据集内潜在的映射关系。作为一种数据驱动的计算方式,深度学习技术摆脱了解析和数值求解方法对前向模型及先验信息的依赖,为逆问题的

求解提供了新的解决方案。

2.3.1 神经网络的典型结构

神经网络的基本计算单元为神经元,又称为"神经节点",可用来模拟生物神经元细胞对于外界信号的传递。神经元通过对输入值加权求和,并使用激活函数运算进行输出,可以表示如下:

$$y = \sigma\left(\sum_{k=1}^{N} x_k \cdot w_k + b \right) \qquad (2\text{-}19)$$

其中 x_k 为第 k 个输入值;N 为输入值总数;w_k 为第 k 个输入值的权重;b 为神经元偏置;y 为神经元输出值;$\sigma(\cdot)$ 为非线性激活函数,它的目的是给神经网络引入非线性计算,是神经网络具有强大表征能力的关键。常用的激活函数有 Sigmoid 函数、tanh 函数和修正线性单元(ReLU,rectified linear units)函数,相应的表达式如下。

Sigmoid 函数:

$$\sigma(x) = \frac{1}{1 + e^{-x}} \qquad (2\text{-}20)$$

tanh 函数:

$$\tanh(x) = \frac{e^x - e^{-x}}{e^x + e^{-x}} \qquad (2\text{-}21)$$

ReLU 函数:

$$\mathrm{ReLU}(x) = \max(0, x) \qquad (2\text{-}22)$$

大量实验表明 ReLU 激活函数计算速度快且易于收敛,是目前神经网络中最常用的激活函数。

多个神经节点组合在一起构成了网络的层,每层的神经元接收上一层的输入值,经过加权求和以及非线性计算后得到输出值,并输入给下一层神经元。这样一个具有多层神经元且层与层之间的神经元具有完全连接的神经网络被称为"多层感知器"(MLP,multilayer perceptron),其结构如图 2.4 所示。

基于全连接的 MLP 网络计算速度快,并且属于浅层神经网络,训练参数相对较少,很快便受到图像处理领域研究人员的关注,并将其用在逆问题求解上。2005 年,Zhang 等提出使用 MLP 在小波域对图像进行去噪[98];2012 年,Burger 等使用 MLP 直接在空域实现了图像去噪[99];2013 年,Schuler 等训练了一个 MLP 来消除图像解卷积引起的伪影[100]。这些神经

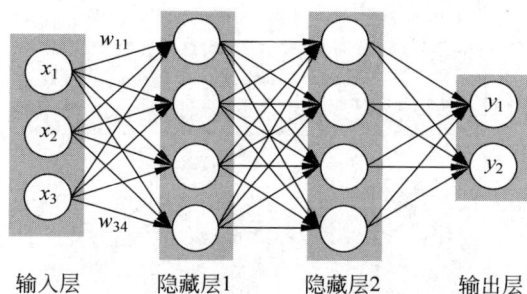

图 2.4　多层感知器结构示意图

网络模型虽然简单,但大多数都能够获得与迭代优化方法相媲美的重建质量,这表明基于神经网络的模型在解决图像处理中的逆问题方面有着巨大的潜力。

神经网络在逆问题上的成功应用可以用通用近似定理[101]来解释,即只要激活函数满足一定假设,一个包含足够多但有限数量的神经元的全连接网络就能以任意精度逼近任意预定的连续函数。然而当处理高度结构化的数据(如图像或视频)时,卷积神经网络(CNN,convolutional neural network)通常会比全连接网络具有更高的计算效率,因此被广泛应用于图像处理任务当中。与全连接网络相比,CNN 采用若干相同的权重作为卷积核与上一层网络的输出进行卷积。每一层网络可使用多个卷积核与上一层进行卷积,同时产生多个输出图像,输出图像的数量也被称作"通道数"。CNN 一个显著的特点是利用卷积操作实现了图像的特征提取,网络中的每一层都使用前一层的特征来学习更复杂的特征。譬如将一幅包含人脸的图像输入 CNN 中,如图 2.5 所示,网络能够依次提取包含边缘角点的低层次特征、包含五官的中层次特征和包含整体面部轮廓的高层次特征,基于这些特征,CNN 就能完成人脸定位、人脸识别等任务。

CNN 在图像去噪、图像去模糊和图像超分辨等常见图像处理逆问题中均有应用。Jain 等训练了一个 5 层的 CNN 对受到高斯噪声影响的图像进行去噪[102]。Eigen 等训练了一个 3 层的 CNN 对透过附着雨水和灰尘的窗户拍摄的图像进行去噪[103]。Dong 等设计了一个 3 层的 CNN,通过输入插值的低分辨率图像生成相应的高分辨率图像[104],成为图像超分辨领域的开山之作;Kappeler 等进一步将这一结构扩展到视频超分辨应用中[105]。Kulkarni 等使用带有 6 个卷积层的 CNN 实现了基于部分测量的图像压缩感知重建[106]。Hradis 等通过训练一个多达 15 层的深度 CNN

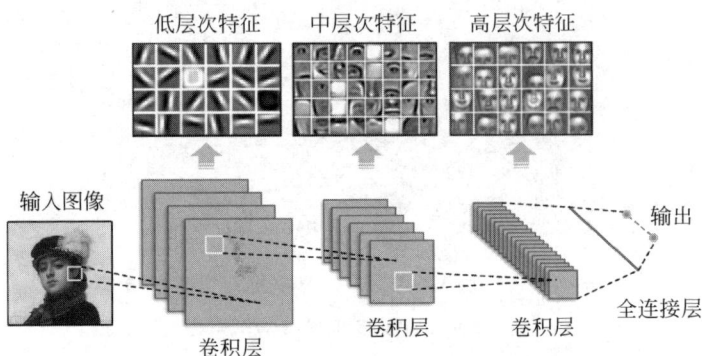

图 2.5 卷积神经网络的特征提取特性

用来实现文本图像的盲解卷积[107]，重建质量超过了迭代优化方法，该工作表明训练更深的网络能够生成更好的图像质量。

不难理解，更深的网络模型可以提供更强的表征能力。此外，增加网络的深度能够丰富网络模型的感知能力，从而在网络的每一层提供了更多的上下文信息，提高了图像恢复性能。在 2016 年之前，训练具有非常多层结构的深度神经网络（DNN，deep neural network）十分具有挑战性，因为网络层数的增多会使训练变得不稳定，容易出现梯度消失、梯度爆炸以及过拟合的问题。残差神经网络（ResNet，residual neural network）[108] 的提出为训练更深的网络提供了新的可能性，其在训练非常深的模型方面发挥了重要作用。ResNet 是由一系列残差块组成的，网络中并非引入了新的映射函数，而是通过增加一个从残差块的输入到输出的跳跃连接来学习两个或多个层之间的残差，如图 2.6 所示。由于学习残差比学习从一层到另一层的映射更容易，因此可以认为深度残差网络的训练更为稳定。

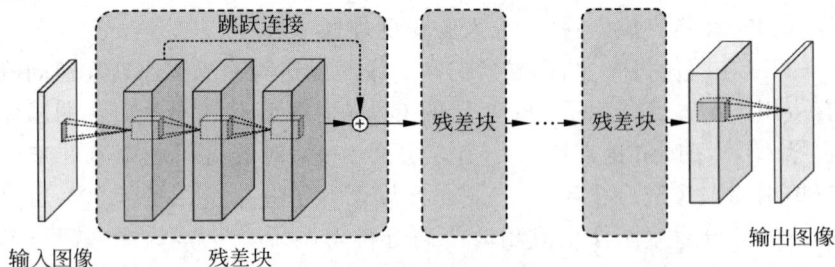

图 2.6 残差神经网络的结构

ResNet 的提出使得训练非常深的网络结构成为可能。基于 ResNet 的

DNN 在图像超分辨领域取得了重要进展[109-111]，其网络层数可达到上百层。Yao 等将深度残差网络应用于压缩感知测量中[112]，实现了图像的压缩重建。

上述神经网络均在相同的图像尺寸上进行计算，为了实现多尺度特征的提取，Ronneberger 等提出了一种 U 型网络结构，称为"U-Net"[113]。U-Net 的结构主要分为编码部分和解码部分，如图 2.7 所示。编码部分通过调整卷积步长或采用池化层实现对上一层特征的下采样，每一次下采样后特征尺寸（$H \times W$）减半，特征通道的数量 C 加倍。网络通过不断下采样来学习输入图像的不同尺度的特征。解码部分则采用转置卷积实现上采样，每一次上采样后特征尺寸（$H \times W$）加倍，特征通道的数量 C 减半，直至恢复原始图像尺寸。这种对图像特征进行下采样和上采样的思想越来越多地被应用于医学图像分割[114-116]和光学图像重建[117-119]任务中。

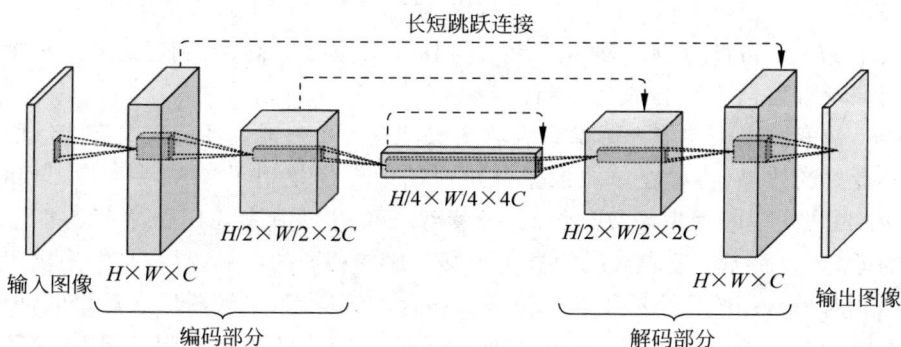

图 2.7　U-Net 神经网络结构

由于 U-Net 编码部分每一步下采样都会压缩输入图像的信息量，所以仅使用这种编解码结构可能会导致输出图像的细节丢失。U-Net 的解决方案是在网络的下采样层和相应的上采样卷积层之间插入对称的跳跃连接。由于不同跳跃连接所连接的路径长短不同，它又被称为"长短跳跃连接"。长短跳跃连接的引入可以充分保留输入图像中的相关细节。

2.3.2　神经网络的损失函数

神经网络中的损失函数本质上是一个具有多变量的优化目标函数。损失函数的值为一个标量，用来评价神经网络模型的好坏。损失函数越小说明网络模型生成的样本越符合真实样本的概率分布，而神经网络的训练正是通过计算预测样本和真实样本之间的损失函数进行反向传播，从而指导网络参数学习输入样本到真实样本之间的映射关系。

　　根据神经网络所处理任务的不同,所采用的损失函数也有所不同。深度学习所处理的问题大致可分为两类:分类问题和回归问题。分类问题是根据已知样本的某些特征,判断一个新样本属于哪个已知的样本类,其预测结果为离散的标签;而回归问题是拟合已知样本的分布,其输出结果为连续的值。大部分成像领域的问题都属于回归问题。回归问题中最常用的损失函数有 l_1 损失(即平均绝对误差(MAE,mean absolute error))和 l_2 损失(即均方误差(MSE,mean square error))。它们都属于像素级损失,即逐像素计算两幅图像间的差异。l_1 损失和 l_2 损失分别定义为

$$\mathcal{L}_{\text{MAE}}(\hat{y}, y) = \frac{1}{HWC} \sum_{p \in P} |\hat{y}_p - y_p| \tag{2-23}$$

$$\mathcal{L}_{\text{MSE}}(\hat{y}, y) = \frac{1}{HWC} \sum_{p \in P} (\hat{y}_p - y_p)^2 \tag{2-24}$$

其中 H、W 和 C 分别是预测图像 $\hat{y}$ 与真值图像 y 的高、宽和通道数;p 是图像像素集合 P 中像素的索引。

　　像素级损失在输入图像和真值图像具有简单映射关系的情况下能够取得良好的效果,譬如在单图像超分辨应用中广泛使用了 MSE[104,109,120] 和 MAE[110,121-122] 损失函数。然而,像素级损失并没有考虑图像之间特征上的差异,因而无法反映人眼的真实观感。比如相同的两幅图像,其中一幅图像相对另一幅图像平移了若干像素。在这种情况下,尽管图像非常相似,像素级的损失函数仍将输出一个大的误差值。为了解决这一问题,Justin 等在设计图像风格迁移和图像超分辨网络时提出了一种基于特征的感知损失[123],感知损失将 CNN 提取出的特征作为损失函数的一部分,通过计算并优化真值图像与预测图像经过 CNN 的特征图之间的差异,使得生成的预测图像与真值图像在语义上更加相似。感知损失的定义如下:

$$\mathcal{L}_{\text{feat}}^{\phi, j}(y, \hat{y}) = \frac{1}{H_j W_j C_j} \left\| \phi_j(\hat{y}) - \phi_j(y) \right\|_2^2 \tag{2-25}$$

其中 ϕ 表示损失网络,文献中采用的是预训练的 VGG-16 网络[124];j 表示网络的第 j 层。将感知损失与像素级损失相结合,能够获得更丰富、更贴近人类感知的细节,相应的损失函数计算方式如图 2.8 所示。

　　以上损失函数都是基于已有的计算模型或预训练的网络模型对预测图像和真值图像之间的分布差异作度量,其模型参数独立于训练数据集。而生成对抗网络(GAN,generative adversarial network)[125] 通过引入一个判

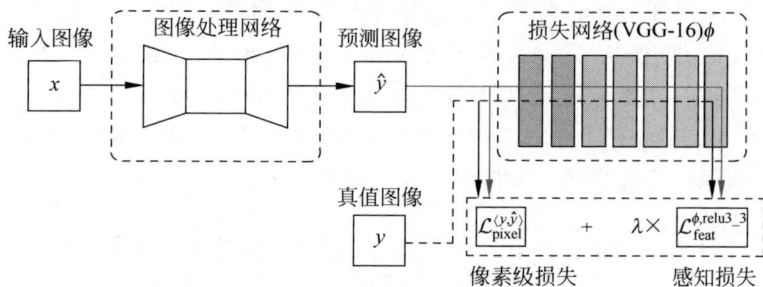

图 2.8   像素级损失和感知损失计算示意图

别器网络来学习真实训练图像中的特征分布,充当了损失网络的角色,能够
更精确地拟合真实图像的特征分布,使得生成的图像更加逼真。GAN 网
络中包含两个单独网络,一个生成器网络 G 和一个判别器网络 D,其结构
如图 2.9 所示。

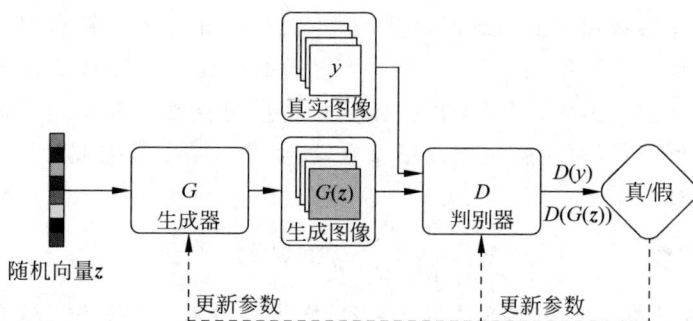

图 2.9   生成对抗网络结构示意图

在网络训练过程中,分别对生成器和判别器交替进行训练。设生成器
输入为一随机向量 z,生成器所生成的图像为 $G(z)$,真实图像为 y。判别
器用来预测输入图像为真实图像的概率,根据输入的不同具有不同的输出
表达式 $D(y)$ 和 $D(G(z))$。在训练生成器时,需要尽可能提高 $D(G(z))$ 的
值;在训练鉴别器时,则需要尽可能降低 $D(G(z))$ 的值,并提高 $D(y)$ 的
值。可以用二元交叉熵函数 $V(G,D)$ 表示鉴别器分类的损失函数,那么
GAN 需要优化的目标函数如下:

$$\min_G \max_D V(G,D)$$
$$= \min_G \max_D \{\mathbb{E}_{y \sim p_{\text{data}}(y)}[\lg D(y)] + \mathbb{E}_{z \sim p_z(z)}[\lg(1 - D(G(z)))]\}$$

$$(2\text{-}26)$$

其中 $p_{\text{data}}(y)$ 和 $p_z(z)$ 分别表示在图像样本空间中定义的真实样本 y 的概率分布和潜在空间上定义的潜在变量 z 的概率分布，$\mathbb{E}$ 表示在图像样本空间上的期望。随着训练迭代次数的增加，生成器在生成逼真图像方面逐渐变强，而判别器在辨别真实图像的能力上逐渐变强。当判别器不再能够区分生成图像和真实图像时，训练过程达到平衡。

2.3.3　神经网络的优化算法

神经网络的训练本质上是对损失函数的优化过程，通过梯度下降法使网络参数不断收敛到全局或者局部最小值，第 k 次迭代公式如下：

$$\theta^{k+1} = \theta^k - \eta \, \nabla_\theta \mathcal{L}(\theta^k) \tag{2-27}$$

其中 η 是学习率；$\nabla_\theta \mathcal{L}(\theta)$ 是损失函数 $\mathcal{L}(\theta)$ 关于模型参数 θ 的梯度。然而与普通优化问题不同的是，神经网络优化参数数量常以百万甚至亿计，以经典的 VGG-16 分类网络[124]为例，其包含的优化参数多达 1.4 亿个，在如此庞大的优化参数构成的高维函数空间中，充斥着非常多的鞍点以及大面积的具有高损失函数值的平坦区域[126]，普通的梯度下降算法非常容易陷入收敛停滞状态。另外，网络的损失函数理论上是在整个数据集上进行计算得到的均值，所以每更新一次网络参数，就要基于整个数据集对于参数的梯度进行计算：

$$\nabla_\theta \mathcal{L}(\theta) = \frac{1}{M} \sum_i^M \nabla_\theta \mathcal{L}(\hat{y}^{(i)}, y^{(i)}; \theta) \tag{2-28}$$

其中 M 为数据集中的样本数量；i 表示数据集中第 i 个样本。这个运算的时间复杂度是 $O(M)$，随着训练集样本数量的增长，计算一次梯度也会消耗相当长的时间。

为了解决大规模数据集训练问题，实际网络训练过程采用的是随机梯度下降方法，随机梯度下降的核心是将真实梯度值视为期望，而期望可使用小规模的样本近似估计。具体而言，在每次迭代中从训练数据集中随机抽出小批量（mini-batch）样本用作计算梯度。小批量样本数目通常是一个相对较小的值，从一到几百不等，并且不随训练集样本数量变化而变化。其迭代公式为

$$\theta^{k+1} = \theta^k - \eta \frac{1}{B} \sum_{i=1}^B \nabla \mathcal{L}(x^{(i)}, y^{(i)}; \theta^k) \tag{2-29}$$

其中 B 为小批量样本数量（mini-batch size）。使用训练集中所有样本完成一次训练则称为完成一次"epoch"。

随机梯度下降方法解决了大规模数据集训练的问题,但依旧面临着诸多挑战,其中包括:

(1) 学习率 η 的值难以确定。太小的学习率会导致模型收敛缓慢,且容易陷入局部极小值;太大的学习率会阻碍模型的收敛,使损失函数在最优值附近来回波动甚至是发散。

(2) 学习率 η 未考虑不同参数的差异。不同参数的梯度值不同,所处的优化状态也不同,均使用相同的学习率显然不适合所有的参数。

(3) 难以跳出局部极小值以及鞍点。在非凸函数的优化过程中,往往希望模型能够跳过那些局部极值点和鞍点,去找一个更好的极值。

针对以上挑战,研究人员提出了多种基于随机梯度下降的改进方法,使得梯度下降法收敛更加迅速和稳定。其中包括使用动量的随机梯度下降(SGDM,stochastic gradient descent with momentum)[127]、自适应梯度(AdaGrad,adaptive gradient)算法[128]、均方根反向传播(RMSProp,root mean squared propagation)[129] 以及自适应矩估计(Adam,adaptive moment estimation)算法[130]。其中 Adam 算法结合了 AdaGrad 和 RMSProp 算法的优点,能够为不同参数计算自适应性学习率,并且赋予了每个参数不同的动量,这样在训练的过程中,每个参数的更新都更加具有独立性,提升了模型训练速度和训练的稳定性。经验性结果证明 Adam 算法在实践中性能优异,相对于其他种类的随机优化算法具有很大的优势,是目前神经网络训练中广泛采用的优化算法。图 2.10 给出了几种常用随机梯度下降算法在手写字符识别任务中的损失函数随迭代次数变化曲线[130],可以看到 Adam 算法的收敛速率优于其他算法。

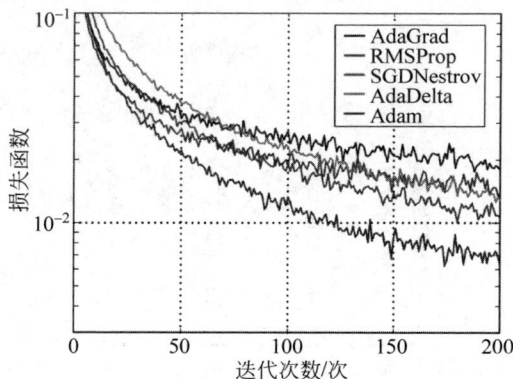

图 2.10　不同随机梯度下降算法的收敛特性(前附彩图)

2.4　编码掩模无透镜成像模型

2.4.1　成像模型和参数

非相干无透镜编码成像方法常用几何光学模型来描述图像的形成,虽然这种方法忽略了衍射效应,但这个近似模型有助于设计和分析无透镜编码成像架构。对于一个表示场景光强的 N 维向量 $\boldsymbol{x} \in \mathbb{R}^N$,场景到传感器的映射可以用线性方程组来描述[131]:

$$\boldsymbol{y} = \boldsymbol{\Phi} \boldsymbol{x} + \boldsymbol{e} \tag{2-30}$$

其中 $\boldsymbol{\Phi} \in \mathbb{R}^{M \times N}$ 是测量矩阵,它的每个列向量都对应着传感器对空间点的响应;$\boldsymbol{y} \in \mathbb{R}^M$ 表示在传感器上采集到的图像;$\boldsymbol{e}$ 表示测量噪声。从 $\boldsymbol{y}$ 中恢复 $\boldsymbol{x}$ 是典型的线性逆问题,因此要想提高非相干无透镜编码成像质量,一方面可从硬件设计入手,通过设计构造合适的测量矩阵 $\boldsymbol{\Phi}$ 以改善逆问题的不适定性;另一方面可从算法设计入手,通过采用合适的正则化方法或者深度学习方法以实现稳定的图像重建。

编码掩模成像系统在结构上与小孔成像类似,可认为是小孔成像的扩展版本。因此可将掩模版视为小孔,对编码掩模成像参数进行分析。设物平面到掩模版的距离为 z_1,掩模版到像感器的距离为 z_2,像感器在子午面内的尺寸为 L。现根据以上参数对成像系统的放大率、视场角和景深进行分析。

(1)放大率。在像感器平面上,每个重建像点的位置都位于通过掩模版中心的主光线与像感器平面的交点处,如图 2.11 所示。

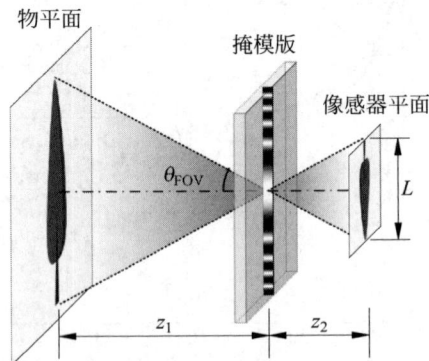

图 2.11　编码掩模成像放大率和视场角示意图

因此,成像系统的放大率可由几何关系得到:

$$\beta_{\mathrm{img}} = \frac{z_2}{z_1} \qquad (2\text{-}31)$$

(2) 视场角。理论上编码掩模成像视场角由入射到传感器边缘的光线与光轴的夹角确定:

$$\theta_{\mathrm{FOV}} = \arctan \frac{L}{2z_2} \qquad (2\text{-}32)$$

然而像感器对入射光的光强响应随着入射光的角度增大而减弱;即随着视场角增大,重建图像对应区域的亮度也随之减弱,呈现中心亮边缘暗的分布,在超过某个视场角时可能会因为光强信号低于噪声水平而无法有效重建出图像。因此实际视场角将小于理论数值。

(3) 景深。成像系统的景深与 PSF 变化率有关。在某个距离处 PSF 变化率小,说明在该距离前后具有类似的成像性质,此时具有大景深;反之,PSF 变化率大的距离处则具有浅景深。对于编码掩模成像系统,PSF 是掩模版图案的放大版本,其放大率为

$$\beta_{\mathrm{mask}} = 1 + \frac{z_2}{z_1} \qquad (2\text{-}33)$$

对掩模版放大率关于物距 z_1 进行求导,得到 PSF 的变化率:

$$\frac{\mathrm{d}\beta_{\mathrm{mask}}}{\mathrm{d}z_1} = -\frac{z_2}{z_1^2} \qquad (2\text{-}34)$$

可以看到,当掩模版到像感器的距离 z_2 固定时,PSF 的变化率随物距 z_2 增大而缩小,所以景深将随物距增大由浅变深。并且在摄影成像场景下,通常 z_1 远大于 z_2,PSF 的变化率具有很小的数量级,这意味着编码掩模成像有着较大的景深。

2.4.2　掩模版评价函数

根据非相干无透镜编码成像模型可知,所记录的编码图像是场景图像与系统 PSF 的卷积,而掩模版与 PSF 直接相关。通过分析成像系统 PSF 的性能,建立一些定性或者定量的评价函数,可以为掩模版的设计提供数理依据。PSF 的频谱反映了成像系统对各个频率分量的传递能力。要获得尽可能多的图像信息,PSF 的频谱需要具有宽阔而平坦的特性。另外根据2.2.1 节的分析,PSF 的频谱中若存在零点或接近零点的区域,会导致重建算法容易受到噪声的影响,加剧问题的不适定性。

由于像感器仅对光强响应,这意味着系统的 PSF 均为正实数,因此编码掩模成像系统的 PSF 往往具有很高的直流分量。而直流分量无法携带图像信息,导致入射光线的能量利用率很低。同时,由于像感器的动态范围是有限的,过高的直流分量会占用像感器的动态范围,导致编码了图像信息的信号被压缩。因此,使直流分量最小化也是掩模版设计所需要考虑的问题。

根据以上分析,Boominathan 等在文献中指出[39],编码掩模成像系统中理想的 PSF 应当具有如下特性:

(1)PSF 的傅里叶变换,即系统的传递函数尽可能是各向同性的,以记录所有角度的频率信息;

(2)PSF 应当是空间稀疏的,以最小化 PSF 的直流分量;

(3)采用高对比度的图案(如二值化图案),以补偿像感器像素的有限位深;

(4)包含大面积的连续零值区域,以进一步补偿像感器像素的有限位深。

根据以上对 PSF 定性的评价方法,本书进一步给出针对掩模版的三种定量评价函数,这些评价函数可用于掩模版优化的目标函数,实现优化的可扩展性。

(1)频率传递特性函数。频率传递特性定义为系统调制传递函数对所有频率的积分,表征了掩模版对图像信息的记录能力,其值越高,所能记录的图像信息就越多。其表达式如下:

$$E_{\text{spectrum}} = \frac{\iint |H(\xi,\eta)|\,\mathrm{d}\xi\mathrm{d}\eta}{\iint h(x,y)\,\mathrm{d}x\,\mathrm{d}y} \tag{2-35}$$

其中 $h(x,y)$ 为系统的 PSF,在几何光学近似下与掩模版图案相同;$H(\xi,\eta)$ 为 PSF 的傅里叶变换,取其绝对值即为系统的调制传递函数。

(2)透光率函数。透光率定义为掩模版透光区域面积 S_{pass} 占掩模版总面积 S_{all} 的比例。高透光率的掩模版成像信噪比更高,所需曝光时间更短。其表达式如下:

$$E_{\text{pass}} = \frac{S_{\text{pass}}}{S_{\text{all}}} \tag{2-36}$$

(3)连通性函数。连通性定义为掩模版图案的全变分,连通性低的掩模版图案分布比较离散,衍射效应更为显著,容易在重建图像中产生噪声。

其表达式如下：

$$E_{\mathrm{TV}} = \iint \sqrt{h_x^2 + h_y^2}\, \mathrm{d}x\,\mathrm{d}y \tag{2-37}$$

其中 $h_x = \dfrac{\partial h}{\partial x}$，$h_y = \dfrac{\partial h}{\partial y}$。

2.5　本　章　小　结

本章首先介绍了成像逆问题的不适定性，仿真验证了典型成像逆问题——图像解卷积对噪声的敏感性，给出了改善逆问题求解困难的途径：图像采集方面减少测量噪声、数值建模方面减少模型误差、算法重建方面引入正则化方法。介绍了逆问题求解中常见的几种正则化方法，分析了 l_0 和 l_1 正则化能够产生稀疏解的原因，分析了 TV 正则化在图像去噪应用中保持图像边缘的特性。概述了深度学习在逆问题求解中的应用，分别从神经网络的结构、损失函数以及优化算法三个方面阐述了神经网络处理逆问题的运作原理，并分析了 MLP、ResNet 和 U-Net 等经典网络结构的优缺点。基于线性逆问题理论框架，分析了非相干无透镜编码掩模成像系统的成像模型，给出了编码掩模成像系统放大率、视场角和景深的定义式，并给出了掩模版的定量评价函数。

第3章 单帧菲涅耳孔径编码成像方法

3.1 本章引言

1948年,Gabor 提出了全息成像技术[132],传统的全息成像技术对光的相干性有较高的要求,一定程度上限制了全息术的应用。而后 Roger 发现点源全息图与菲涅耳波带片结构的相似性[47];受此启发,1961年 Mertz 和 Young 提出了用波带片编码成像的方案[48],将全息成像的概念和应用范围拓展到了非相干光领域。

早期波带片编码技术主要用于伽马射线、X 射线等短波长成像领域,以改善透镜对短波长光透过率不佳的问题,近年来该项技术也被引入可见光成像中,被称为"菲涅耳孔径"(FZA)编码成像。然而对 FZA 编码图像反向传播重建会产生孪生像叠加在原始图像上,严重影响成像质量。为了克服全息图重建产生的孪生像效应,通常需要采集多组不同相位波带片编码的图像,采用条纹扫描法来去除孪生像[38]。然而这种方法需要更换波带片,并且需要图像间的配准,给实际操作带来了不便。

本章提出一种利用单帧 FZA 编码图像进行图像重建的无透镜成像方法,采用基于全变差正则化的方法消除了图像重建中的孪生像,提高了图像的重建质量。该方法只需采集单帧图像,波带片与像感器之间无须特别校准,方便掩模版与像感器的集成,有利于编码掩模成像的实用化。

3.2 菲涅耳孔径编码成像模型

透光率连续变化的波带片称为"伽博波带片"(GZP,Gabor zone plate),其透过率函数可表示为

$$T(r) = \frac{1}{2} + \frac{1}{2}\cos\frac{\pi r^2}{r_1^2} \tag{3-1}$$

其中 r_1 为波带片常数,表示波带片最内圈环带的半径;r 为径向坐标。但

现有制造工艺难以加工渐变透过率型波带片。通常采用具有二值透过率的菲涅耳波带片（FZP）代替 GZP 实现相应的功能，二者的外观如图 3.1 所示。

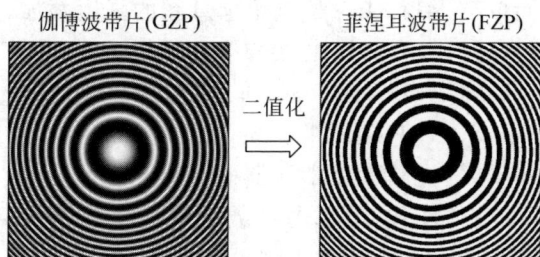

图 3.1　伽博波带片和菲涅耳波带片图案比较

为方便推导，书中均采用连续透过率函数进行计算。在 5.2.1 节将会进一步分析透过率函数二值化对成像质量的影响。

3.2.1　菲涅耳孔径编码图像与同轴全息图的等效性

假设物体与 FZP 间的距离为 z_1，FZP 与像感器间的距离为 z_2。入射到 FZP 的光线可以是物体本身发出的非相干光，也可以是非相干光源照射到物体表面形成的漫反射光。无论是自发光还是反射光，波带片所接收到的光线均可认为是来自物体的无穷多个点光源的非相干叠加。每一个点光源将波带片的阴影投射到像感器平面上。阴影中心位于主射线和像感器平面的交点处。若距离 z_2 足够小，光线透过掩模版产生的衍射效应可以忽略，传播过程近似为几何光学，那么掩模版的阴影只是掩模版图案的缩放。其缩放比例由距离 z_1 和 z_2 共同决定。对于 FZP 掩模版而言，其阴影仍然是一个 FZP 图案，FZP 阴影图案的波带片常数变为

$$r_1' = \left(1 + \frac{z_2}{z_1}\right) r_1 \tag{3-2}$$

当 $z_1 \gg z_2$ 时（物体距离掩模版和像感器足够远时）$r_1' \approx r_1$，此时 FZP 阴影图案与掩模图案近乎同等大小，像感器上采集到的图案可以表示为

$$I(r) = \frac{1}{2}\sum_k^N I_k \left[1 + \cos\left(\frac{\pi}{r_1^2} \mid r - r_k \mid^2\right)\right] \tag{3-3}$$

其中 $I(r)$ 为像感器平面接收到的光强分布；I_k 为第 k 个点光源的光强；r 表示像感器平面上任一点的位置矢量；r_k 表示第 k 个点光源照射下阴影中心的位移矢量；N 为所有点光源的数量。根据波带片编码成像理论，每一

个 FZP 阴影图案可认为是编码了点光源的空间位置和强度的点源全息图，所有这些点源全息图最终合成了像感器采集到的图案。该图案与物体的同轴全息图具有类似的生成机制，唯一的区别在于同轴全息图是点源全息图的复振幅叠加，而 FZA 编码成像是点源全息图的强度叠加。基于点源全息图编码图像的技术还有 Rosen 等在 2007 年提出的基于衍射分光的菲涅耳非相干相关全息术（FINCH，Fresnel incoherent correlation holography）[133]。与 FZA 编码成像相比，FINCH 通过物点的自干涉来产生点源全息图，因此仍然需要用到较为复杂的光路和光学元器件对物光进行分光以及合束。

若要再现原始物体图像，可以通过数值模拟相干光对全息图的衍射过程来获得。在菲涅耳衍射中，衍射光强可表示为

$$O_R(\boldsymbol{r}_o) = \frac{\exp\left(\dfrac{\mathrm{i}2\pi d}{\lambda}\right)}{\mathrm{i}\lambda d}\iint I(\boldsymbol{r})\exp\left[\frac{\mathrm{i}\pi}{\lambda d}\mid \boldsymbol{r}-\boldsymbol{r}_o\mid^2\right]\mathrm{d}S \qquad (3\text{-}4)$$

其中 λ 和 d 表示了用于重建原始图像的波长和距离，为了保证正确的重建，重建波长和距离应该满足 $r_1^2 = \lambda d$；$\boldsymbol{r}_o$ 表示重建平面上的位置矢量；$\mathrm{d}S$ 表示采集图案上的微小面元。假设像感器面积无穷大，则式（3-4）中的积分区域为无穷大。将式（3-3）代入式（3-4），并将式（3-3）中余弦项展开为指数形式，忽略常系数，可得：

$$\begin{aligned}
O_R(\boldsymbol{r}_o) = {} & \frac{1}{2}\iint\exp\left(\frac{\mathrm{i}\pi}{r_1^2}\mid \boldsymbol{r}-\boldsymbol{r}_o\mid^2\right)\mathrm{d}S\cdot\sum_k^N I_k + \\
& \frac{1}{4}\sum_k^N I_k\iint\exp\left[\frac{\mathrm{i}\pi}{r_1^2}(\mid \boldsymbol{r}-\boldsymbol{r}_o\mid^2 - \mid \boldsymbol{r}-\boldsymbol{r}_k\mid^2)\right]\mathrm{d}S + \\
& \frac{1}{4}\sum_k^N I_k\iint\exp\left[\frac{\mathrm{i}\pi}{r_1^2}(\mid \boldsymbol{r}-\boldsymbol{r}_o\mid^2 + \mid \boldsymbol{r}-\boldsymbol{r}_k\mid^2)\right]\mathrm{d}S \\
= {} & \frac{\mathrm{i}r_1^2}{2}\sum_k^N I_k + \frac{r_1^4}{4}\sum_k^N I_k\delta(\boldsymbol{r}_o-\boldsymbol{r}_k) + \frac{\mathrm{i}r_1^2}{8}\sum_k^N I_k\exp\left(\frac{\mathrm{i}\pi}{2r_1^2}\mid \boldsymbol{r}_o-\boldsymbol{r}_k\mid^2\right)
\end{aligned}$$

$$(3\text{-}5)$$

其中，表达式右侧第一项为常数项，与物体的总光强成正比；第二项是与几何成像点出现在同一位置的一组像点，其强度与原始光源的强度成正比，这些像点再现了原始物体的图像；第三项是一系列传播距离为 $2d$ 的球面波的叠加，这可以看作是原始物体的离焦图像，在全息重建中又被称为"孪生像"。同轴全息中的孪生像是一个固有问题，使重建图像模糊不清。在相干全息成像领域中，通常采用实验手段去除孪生像，如离轴全息术和相移术，

这些方法需要改变实验光路或者引入额外调控器件。因此要想获得高质量的重建图像，需要通过后期算法消除孪生像的影响。

以上是以点光源为计算单元描述了菲涅耳孔径编码成像模型的积分形式，数学表达较为复杂，下面以卷积的视角对成像模型进一步简化。对于编码掩模成像而言，像感器采集的图像可以表示为物体的像和掩模版投影的卷积，即

$$I(x,y) = O(x,y) * T(x,y) + e(x,y) \tag{3-6}$$

其中符号 $*$ 为卷积算符。$O(x,y)$ 表示待复原的物体图像；$T(x,y)$ 为掩模版投影强度分布，当 $z_1 \gg z_2$ 时，$T(x,y)$ 与掩模版透过率函数式（3-1）等价；$e(x,y)$ 表示成像系统中各种因素引入的噪声，包括光电探测器噪声、环境光噪声，以及衍射效应引起的误差等。将 $T(x,y)$ 中的余弦项用复指数的形式表达，式（3-6）可改写成：

$$
\begin{aligned}
I(x,y) &= C + \frac{1}{4}[O(x,y) * h(x,y) + O(x,y) * h^*(x,y)] + e(x,y) \\
&= C + \frac{1}{4}[U(x,y) + U^*(x,y)] + e(x,y) \\
&= C + \frac{1}{2}\mathrm{Re}\{U(x,y)\} + e(x,y) \tag{3-7}
\end{aligned}
$$

其中 C 为常数；$h(x,y) = \exp\left[\mathrm{i}\left(\dfrac{\pi}{r_1^2}\right)(x^2+y^2)\right]$。当 $r_1^2 = \lambda d$ 时，$h(x,y)$ 与菲涅耳衍射的传播核具有相同的表达式。因此函数 $U(x,y)$ 可看作是物体发出的波长为 λ 的光波经过距离 d 后的光场分布。$U^*(x,y)$ 为 $U(x,y)$ 的共轭光波。

式（3-7）中的常数项不包含原始图像信息，可通过高通滤波滤除。若以矩阵向量相乘的形式抽象出菲涅耳孔径编码成像的数学模型，忽略常数项，则有：

$$
\begin{aligned}
I &= \frac{1}{2}\mathrm{Re}\{(\mathcal{F}^{-1}H\mathcal{F})O\} + e \\
&= KO + e \tag{3-8}
\end{aligned}
$$

假设待复原图像的像素数为 $N_x \times N_y = N_{xy}$。其中 $\mathcal{F} \in \mathbb{C}^{N_{xy} \times N_{xy}}$ 代表二维傅里叶变换矩阵，$\mathcal{F}^{-1} \in \mathbb{C}^{N_{xy} \times N_{xy}}$ 则是对应的逆傅里叶变换矩阵；$H \in \mathbb{C}^{N_{xy} \times N_{xy}}$ 是对角矩阵，其对角线上的元素是菲涅耳衍射传递函数的离散采样值；$\mathrm{Re}\{\cdot\}$ 表示取实部操作；K 算子则结合了 $\mathcal{F}^{-1}H\mathcal{F}$ 以及取实部操

作,代表了整个成像系统的前向模型。在菲涅耳孔径编码成像应用中,物函数 O 始终为实函数,且菲涅耳衍射传递函数 H 为中心对称函数,则 $\mathrm{Re}\{(\mathcal{F}^{-1}H\mathcal{F})O\}$ 等价于 $(\mathcal{F}^{-1}\mathrm{Re}\{H\}\mathcal{F})O$,即 K 算子为线性算子,因此可以用线性回归模型相关的优化算法对原始图像进行求解。

下面对成像模型的线性性质给出证明。令 $\widetilde{O}(\xi,\eta)=\mathcal{F}\{O(x,y)\}$,$\widetilde{H}(\xi,\eta)$ 为菲涅耳传递函数,$\widetilde{U}(\xi,\eta)$ 为衍射场的傅里叶变换,即 $\widetilde{U}(\xi,\eta)=\widetilde{O}(\xi,\eta)\cdot\widetilde{H}(\xi,\eta)$。根据实函数傅里叶变换的性质及中心对称函数的性质,有:

$$\widetilde{O}^{*}(\xi,\eta)=\widetilde{O}(-\xi,-\eta) \tag{3-9}$$

$$\widetilde{H}(\xi,\eta)=\widetilde{H}(-\xi,-\eta) \tag{3-10}$$

将 $\widetilde{H}(\xi,\eta)$ 分解为实部和虚部相加的形式,即 $\widetilde{H}(\xi,\eta)=\widetilde{H}_{\mathrm{r}}(\xi,\eta)+\mathrm{i}\widetilde{H}_{\mathrm{i}}(\xi,\eta)$,将其代入衍射场表达式,有:

$$\widetilde{U}(\xi,\eta)=\widetilde{O}(\xi,\eta)\cdot\widetilde{H}_{\mathrm{r}}(\xi,\eta)+\mathrm{i}\widetilde{O}(\xi,\eta)\cdot\widetilde{H}_{\mathrm{i}}(\xi,\eta)$$

$$=\widetilde{U}_{1}(\xi,\eta)+\mathrm{i}\widetilde{U}_{2}(\xi,\eta) \tag{3-11}$$

由于 $\widetilde{O}(\xi,\eta)$ 是共轭对称函数,$\widetilde{H}_{\mathrm{r}}(\xi,\eta)$ 和 $\widetilde{H}_{\mathrm{i}}(\xi,\eta)$ 均为实中心对称函数,有:

$$\widetilde{U}_{1}(\xi,\eta)=\left[\widetilde{O}(\xi,\eta)\cdot\widetilde{H}_{\mathrm{r}}(\xi,\eta)\right]^{*}=\widetilde{O}^{*}(\xi,\eta)\cdot\widetilde{H}_{\mathrm{r}}^{*}(\xi,\eta)$$

$$=\widetilde{O}(-\xi,-\eta)\cdot\widetilde{H}_{\mathrm{r}}(-\xi,-\eta) \tag{3-12}$$

$$\widetilde{U}_{2}(\xi,\eta)=\left[\widetilde{O}(\xi,\eta)\cdot\widetilde{H}_{\mathrm{i}}(\xi,\eta)\right]^{*}=\widetilde{O}^{*}(\xi,\eta)\cdot\widetilde{H}_{\mathrm{i}}^{*}(\xi,\eta)$$

$$=\widetilde{O}(-\xi,-\eta)\cdot\widetilde{H}_{\mathrm{i}}(-\xi,-\eta) \tag{3-13}$$

因此,式(3-11)中的第一项 $\widetilde{U}_{1}(\xi,\eta)$ 和第二项 $\widetilde{U}_{2}(\xi,\eta)$ 均为共轭对称函数,那么 $\widetilde{U}_{1}(\xi,\eta)$ 和 $\widetilde{U}_{2}(\xi,\eta)$ 的逆傅里叶变换均为实数,其分别对应衍射场 $U(x,y)$ 的实部和虚部。对衍射场 $U(x,y)$ 取实部,相当于保留频域中的 $\widetilde{U}_{1}(\xi,\eta)$,舍弃 $\widetilde{U}_{2}(\xi,\eta)$,即

$$\mathrm{Re}\{\mathcal{F}^{-1}\{\widetilde{U}(\xi,\eta)\}\}=\mathrm{Re}\{\mathcal{F}^{-1}\{\widetilde{U}_{1}(\xi,\eta)\}+\mathrm{i}\,\mathcal{F}^{-1}\{\widetilde{U}_{2}(\xi,\eta)\}\}$$

$$=\mathcal{F}^{-1}\{\widetilde{U}_{1}(\xi,\eta)\}$$

$$=\mathcal{F}^{-1}\{\widetilde{O}(\xi,\eta)\cdot\widetilde{H}_{\mathrm{r}}(\xi,\eta)\} \tag{3-14}$$

式(3-14)表明在 O 为实函数、H 为中心对称函数的前提下,对整个系统的输出取实部这一非线性操作可以等价于对 H 的元素取实部,从而转化为普通线性回归模型。

3.2.2　成像分辨率分析

在 3.2.1 节的成像模型中假设理想情况下菲涅耳波带片和像感器尺寸为无限大,然而在实际成像实验中,菲涅耳波带片和像感器都具有有限尺寸,意味着成像的空间带宽积是有限的,这决定了成像系统的分辨率上限。如果像感器能够完整地记录菲涅耳波带片的投影,并且像素间距满足采样定理,根据线性系统的可加性,编码图像为菲涅耳波带片投影的叠加,编码图像的最高频率受限于菲涅耳波带片的最高频率,而波带片图案的最高频率取决于波带片最外圈圆环的宽度。波带片最外圈圆环的宽度与波带片半径 R 和波带片常数 r_1 有关。当 r_1 固定时,半径越大,波带片最外圈圆环的宽度越窄;当 R 固定时,缩小常数 r_1 也能缩小波带片最外圈圆环的宽度。因此可以通过增加波带片半径 R,或者缩小波带片常数 r_1 来提升重建图像的分辨率。下面对菲涅耳孔径编码成像分辨率进行定量分析。

在式(3-5)中,重建像点是宽度无限小的 δ 函数。对于有限尺寸的实际光学系统而言,重建像点将不再是一个 δ 函数。将孔径函数 $A(r)=\mathrm{circ}(r/R)$ 代入式(3-5)第二项的积分中,令 $r_k=0$,$I_k=1$,可得消除孪生像之后成像系统的脉冲响应函数为

$$I_{\mathrm{CIR}}(r_0)=\iint \exp\left[\frac{\mathrm{i}\pi}{r_1^2}(|\,r-r_o\,|^2-|\,r\,|^2)\right]A(|\,r\,|)\mathrm{d}S$$

$$=\exp\left(\frac{\mathrm{i}\pi}{r_1^2}r_0^2\right)\frac{R}{r_0}\mathrm{J}_1(2\pi r_0 R/r_1^2) \tag{3-15}$$

其中 $\mathrm{J}_1(\cdot)$ 为第一类一阶贝塞尔函数。由于目标图像的强度是实值的,并且为保证成像模型的线性性质,代表成像模型的前向算子及其伴随算子都需要对输出结果取实部。所以脉冲响应函数实际上为式(3-15)的实部,即

$$I_{\mathrm{CIR}}(r_0)=\cos\left(\frac{\pi}{r_1^2}r_0^2\right)\frac{R}{r_0}\mathrm{J}_1(2\pi r_0 R/r_1^2) \tag{3-16}$$

根据瑞利判据,两点之间可分辨的最小距离定义为脉冲响应函数的中心到第一级零点的距离。式(3-16)中余弦项的一级零点位于 $0.707r_1$ 处,贝塞尔函数的一级零点位于 $0.61(r_1/R)r_1$ 处。通常有 $r_1\ll R$,因此菲涅耳孔

径编码成像系统的分辨率由贝塞尔函数的一级零点确定,即

$$r_c = 0.61 \frac{r_1^2}{R} \tag{3-17}$$

式(3-17)定量给出了分辨率与 r_1 和 R 的关系。进一步地,若波带片中心往外数第 n 条环带的半径为 r_n,则有 $r_n = \sqrt{n} r_1$。假设菲涅耳波带片包含 N 条环带,则可得波带片半径和环带数量的关系为

$$R = \sqrt{N} r_1 \tag{3-18}$$

而最外圈环带的宽度则可以表示为

$$\Delta r = r_N - r_{N-1} = (\sqrt{N} - \sqrt{N-1}) r_1 \approx \frac{r_1}{2\sqrt{N}} \tag{3-19}$$

将式(3-18)和式(3-19)代入式(3-17),可得

$$r_c = 1.22 \Delta r \tag{3-20}$$

式(3-20)揭示了菲涅耳孔径编码成像系统的分辨率可大致通过波带片最外层环带的宽度来进行估算。

　　图 3.2 展示了不同波带片常数的菲涅耳孔径编码成像系统的脉冲响应函数及图像重建结果。菲涅耳孔径半径为 $R = 5.12$ mm,波带片常数 r_1 的值从上往下分别为 0.8 mm、0.5 mm、0.3 mm,最外层环带宽度分别为 0.063 mm、0.024 mm、0.009 mm,其对应的分辨率分别为 0.076 mm、0.030 mm、0.011 mm,可以看到二者之间的关系满足式(3-20)。这里采用峰值信噪比(PSNR,peak signal to noise ratio)对图像重建质量进行评价。对于待评价图像 A 和参考图像 B,PSNR 的定义为

$$PSNR = 20 \cdot \lg \left[\frac{MAX_A}{\frac{1}{N} \sum_i^N (A_i - B_i)^2} \right] \tag{3-21}$$

其中 N 表示图像像素数;MAX_A 表示图像像素值可能出现的最大数值,与图像的数据类型有关。若图像具有 8 位位深,则 MAX_A 的值为 255。

　　图 3.2(a)~图 3.2(c)对应的重建图像的 PSNR 分别为 20.0 dB、27.5 dB、30.7 dB;从图像重建质量上来看,r_1 越小,重建的质量越高,验证了上述讨论。值得注意的是,菲涅耳孔径编码成像的分辨率并不能通过不断增加环带密度而无限制提高,因为当环带密度增加,衍射效应将变得愈发明显,从而引起模型误差,导致重建图像质量下降。这一现象在实际实验结果中会观察到。

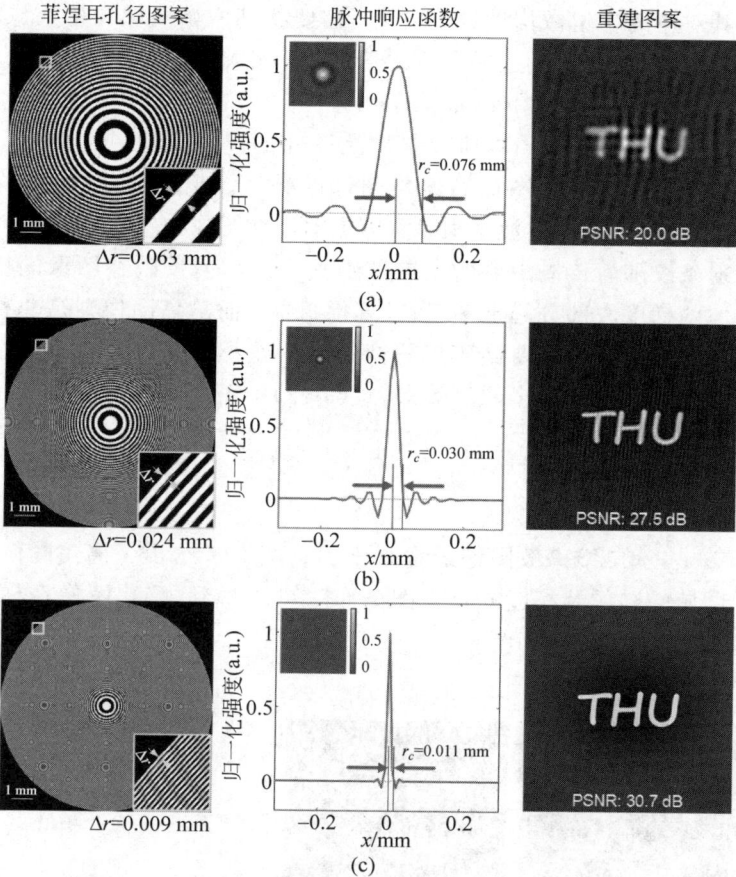

图 3.2　不同波带片常数 r_1 下菲涅耳孔径编码成像系统的图像分辨率对比

(a) $r_1=0.8$ mm; (b) $r_1=0.5$ mm; (c) $r_1=0.3$ mm

3.3　全变差正则化消除孪生像

根据 3.2.1 节的前向模型,可以构造如下优化目标函数实现对目标图像的重建:

$$\hat{O}=\arg \min_{O}\left\{\frac{1}{2}\left\|I-KO\right\|_{2}^{2}+\tau \mathcal{R}(O)\right\} \tag{3-22}$$

其中 $\mathcal{R}(O)$ 是正则化项,其作用是对优化变量施加一些先验约束,使得目标函数在优化过程中能够收敛到满足先验约束的解。τ 为正则化系数,用来控制正则化项在整个目标函数中的权重。在菲涅耳孔径编码成像中,原始图像及其对应的孪生像均满足式(3-7),需要找到原始图像和孪生像在统计分布上的差异,然后通过选择合适的正则化函数来施加先验约束,从而在优化求解过程中保留原始图像,消除孪生像。

孪生像所产生的噪声本质上是原始图像的离焦图像,反向传播方法重建的图像实际上是离焦图像和聚焦图像的叠加。聚焦图像的边缘清晰锐利,边缘以外的区域则过渡平滑;而离焦图像在图像边缘会产生衍射条纹,并且衍射条纹随着传播距离增大扩散到整个图像。反映在图像的梯度上,聚焦图像的梯度大部分趋于零值,呈现稀疏性;而离焦图像则是非稀疏的。所以聚焦图像的全变差要比离焦图像的全变差小得多。因此,可以采用全变差正则化实现抑制孪生像的效果,式(3-22)中正则化项可写为

$$\mathcal{R}(O) = \|O\|_{\mathrm{TV}} = \sum_{m,n} \sqrt{|O_{m+1,n} - O_{m,n}|^2 + |O_{m,n+1} - O_{m,n}|^2}$$

$$(3\text{-}23)$$

其中 m、n 表示二维离散图像的像素索引。图 3.3 给出了离焦图像和聚焦图像梯度域的图像及相应的直方图分布。可以看到,聚焦图像在梯度域具有明显的稀疏特性。

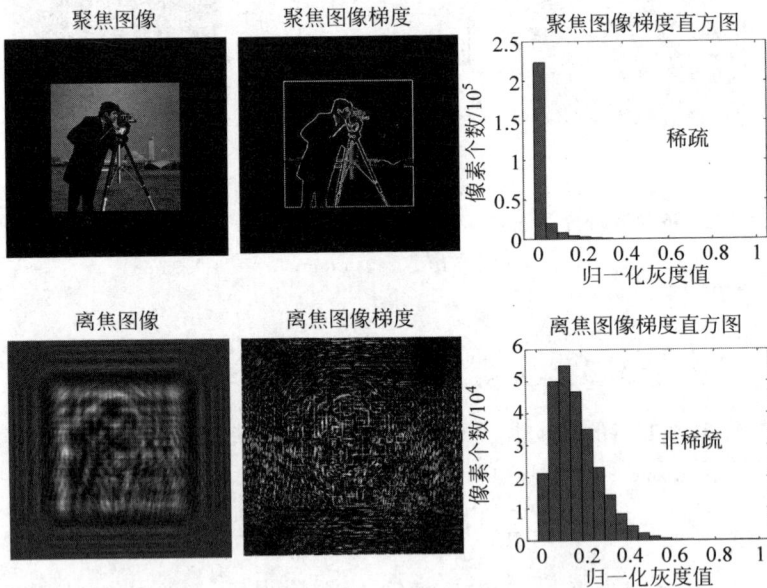

图 3.3 聚焦图像和离焦图像的梯度域稀疏性比较

将全变差正则化代入式(3-22),图像重建的目标函数表示如下:

$$\hat{O} = \arg \min_{O} \left\{ \frac{1}{2} \left\| I - KO \right\|_2^2 + \tau \left\| O \right\|_{\mathrm{TV}} \right\} \tag{3-24}$$

式(3-24)可通过 TwIST 算法求解[92]。TwIST 算法是 ISTA 算法的非线性两步迭代版本,相较于 ISTA 算法能够进一步提高收敛率。为了证明全变差正则化对孪生像的抑制作用,本书设计了一组图像重建实验,分别采用反向传播法、l_1 正则化和全变差正则化方法对编码图像作重建。为了评估算法对噪声的稳健性,在编码图像上加入方差为 0.01 的零均值高斯噪声,重复以上方法作为对照。图像重建结果如图 3.4(a)所示,正则化方法重建图像的均方误差随迭代次数的变化如图 3.4(b)所示。可以看到反向传播

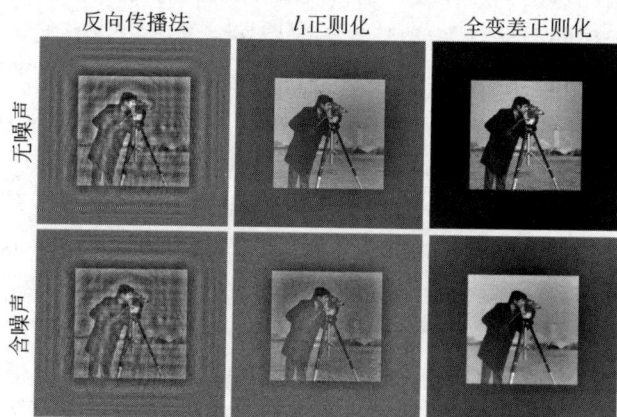

(a)

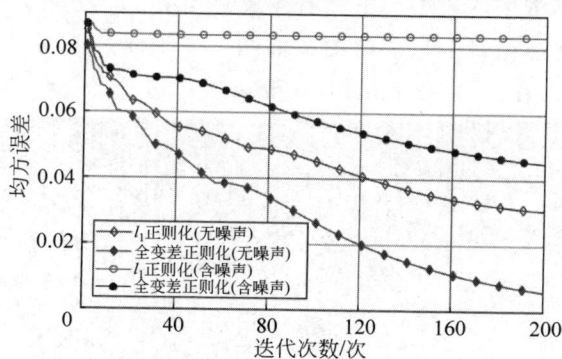

(b)

图 3.4　不同方法图像重建性能比较

(a) 3 种方法分别在无噪声和含噪声情况下的重建结果;(b) 4 种情况下重建图像的均方误差随迭代次数的变化

法重建的图像明显受到孪生像噪声的影响，而 l_1 正则化和全变差正则化方法都能有效地消除孪生图像，但全变差正则化结果比 l_1 正则化结果具有更高的对比度和更小的均方误差。在抑制噪声方面，l_1 正则化结果并不理想，在重建图像中仍残留有噪声；而全变差正则化不仅消除了孪生像，还能有效地抑制其他噪声。

3.4　实　验　结　果

3.4.1　掩模版的加工

　　掩模版采用厚度为 2 mm 的钠钙玻璃作为基底，采用激光光刻的方式对基底上镀的金属膜层进行刻蚀，形成编码图案。光线可以直接透过刻蚀掉的区域，并穿过透明玻璃基底到达像感器，而抵达未被刻蚀区域的光线则被金属膜层阻挡而无法透过。通常采用金属铬作为不透光膜层材料，因为铬膜的淀积和刻蚀相对比较容易，而且对光线完全不透明。首先通过真空蒸镀的方式在基底表面沉积一层 140 nm 的铬层，然后将 1 μm 的光刻胶层旋涂在铬层上。将空白的掩模版在扫描激光束下曝光，在光刻胶层中产生掩模图案的潜影。曝光后，将掩模版置于显影液（5‰～7‰ 的 NaOH 溶液）中去除光刻胶未曝光的部分。其次将掩模版浸泡于刻蚀剂（$(NH_4)_2Ce(NO_3)_6$ ＋ $HClO_4$ 溶液）中进行刻蚀。铬层中未被光刻胶覆盖的区域将会被蚀刻掉以形成透明区域；而被光刻胶保护的铬层则不会被蚀刻掉，形成不透明区域。最后将掩模版浸泡在高浓度的显影剂中剥离残余的光刻胶。书中所制作的菲涅耳波带片掩模版在显微镜下呈现的图案如图 3.5 所示。波带片常数 r_1 从左到右依次为 0.25 mm、0.32 mm、0.56 mm。

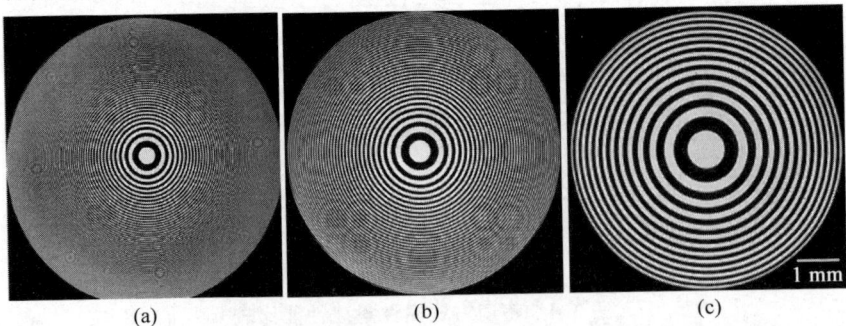

（a）　　　　　　　　　　　（b）　　　　　　　　　　　（c）

图 3.5　书中所制作的菲涅耳波带片掩模版在显微镜下的图像

（a）r_1＝0.25 mm；（b）r_1＝0.32 mm；（c）r_1＝0.56 mm

3.4.2　图像重建结果

图 3.6 所示为菲涅耳孔径编码成像系统。实验所采用的像感器为 QHY163M CMOS。像感器尺寸为 $17.7\ mm\times 13.4\ mm$,像素个数为 4656×3522,像素间隔为 $3.8\ \mu m$。掩模版玻璃基底与像感器紧贴放置,镀膜的一层朝外。掩模版玻璃基底厚度为 $2\ mm$,像感器保护玻璃距离像感器为 $1\ mm$,因此编码掩模到像感器的距离为 $z_2=3\ mm$。显示屏用来显示测试图像,其到掩模版的距离为 $z_1=30\ cm$。为增强有效信号的动态范围,图像采集过程中根据测试图像的亮度调节像感器的曝光时间,以避免图像出现过曝或欠曝的现象而丢失图像信息,同时采用 12 位的位深记录编码图像,以提高成像的动态范围。

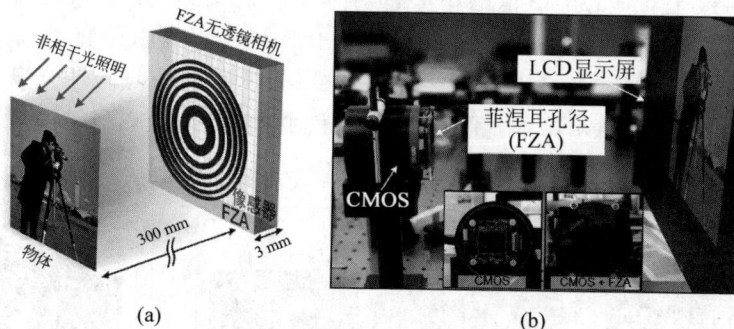

(a)　　　　　　　　　　　　(b)

图 3.6　菲涅耳孔径编码成像系统示意图（前附彩图）

（a）实验原理图；（b）实验装置图

首先对简单的二值图像进行测试。字母"T""H""U"作为测试图像显示在屏幕上。屏幕上显示的原始图像尺寸为 $20\ cm\times 20\ cm$。所采用的波带片常数 $r_1=0.32\ mm$。原始图像、对应的采集图像和重建结果如图 3.7 所示,其中测量图像和重建图像展现的是完整图像中央 526×526 像素的部分。显然,相对于反向传播重建的图像,全变差正则化有效地消除了孪生像噪声,提高了成像对比度。值得注意的是,重建图像呈现轻微的桶形畸变,该现象的产生原因是掩模版的玻璃基底会对入射光线产生折射,视场角越大,入射光偏折程度越高,从而产生了桶形畸变。若减小掩模版玻璃基底的厚度,譬如将掩模图案直接镀在像感器的保护玻璃上,则可改善这一问题。

下面对具有复杂结构的清华大学校徽图像以及灰度图像进行测试。原

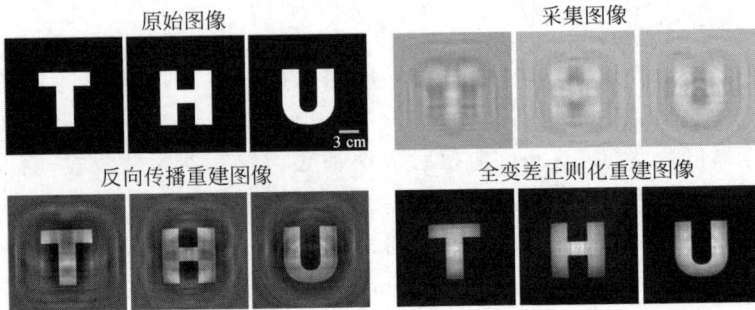

图 3.7　简单二值图像重建结果

始图像、对应的采集图像和重建结果如图 3.8 所示。由于采集图像的直流分量过高,这里对采集图像的中心部分作归一化处理,以消除直流项的影响,使信号项更清晰地呈现出来。从归一化图像中可以明显看到,采集图像中呈现类似衍射条纹的结构,这与理论推导的编码图像与同轴全息图在数学形式上的等效性相符合。而重建图像相对于简单二值图像清晰度略有下降,其原因在于衍射效应限制了成像分辨率。

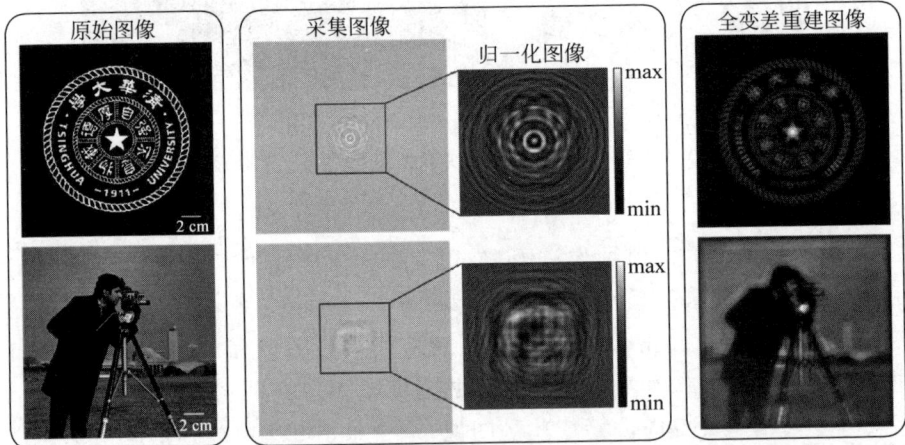

图 3.8　复杂二值图像和灰度图像重建结果

　　菲涅耳孔径编码成像具有彩色成像能力。由于成像模型基于几何光学,重建不受物体波长的影响。通过使用 RGB 像感器,分别在 RGB 三个通道独立记录不同波段的强度,并将全变差重建算法应用于三个通道,最后将三个通道的重建图像组合成彩色图像,如图 3.9 所示。

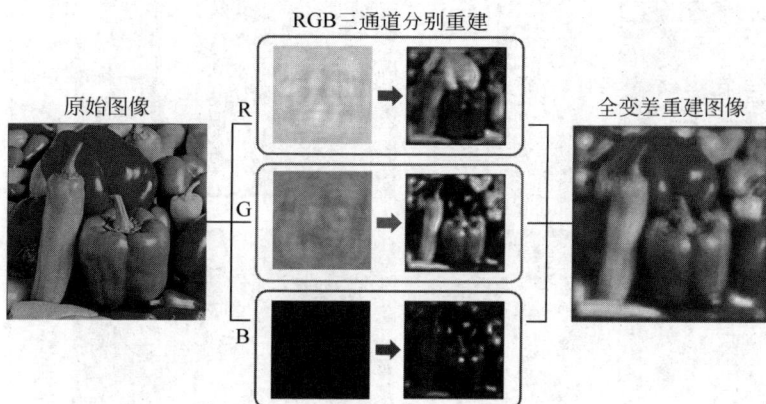

图 3.9　彩色图像重建结果(前附彩图)

3.4.3　成像分辨率测试

为了测量成像系统的分辨率,将 USAF 1951 鉴别率板作为目标图像显示在显示器上,显示尺寸的放大倍数是标准尺寸的 3 倍。分别用 3.4.1 节中加工的三块菲涅耳波带片对分辨率板进行成像,分辨率板图像如图 3.10(a)所示。对于 $r_1 = 0.56$ mm 的波带片,重建图像能分辨的最小线对为 USAF 1951 鉴别率板的 Group-2/Element 5,其对应的物平面上的最小分辨距离为 3.78 mm,像平面上的最小分辨距离为 0.038 mm,如图 3.10(b)所示;根据式(3-17)计算的理论值为 0.042 mm。对于 $r_1 = 0.32$ mm 的波带片,重建图像能分辨的最小线对为 Group-0/Element 1,其对应的物平面上的最小分辨距离为 1.5 mm,像平面上的最小分辨距离为 0.015 mm,如图 3.10(c)所示;而理论值为 0.014 mm。对于以上两种情况,实验值与理论值基本吻合。但是当 r_1 缩小到 0.25 mm 时,分辨率并没有明显提高,如图 3.10(d)所示。其原因在于随着波带片常数的缩小,波带片结构越来越精细,由衍射效应引起的模型误差也随之增大,导致重建图像分辨率无法进一步提高,即衍射效应限制了分辨率。可以通过采用更为精确的衍射模型代替几何光学模型对成像系统建模来改善该问题,此部分内容将在 5.2.2 节详细介绍。

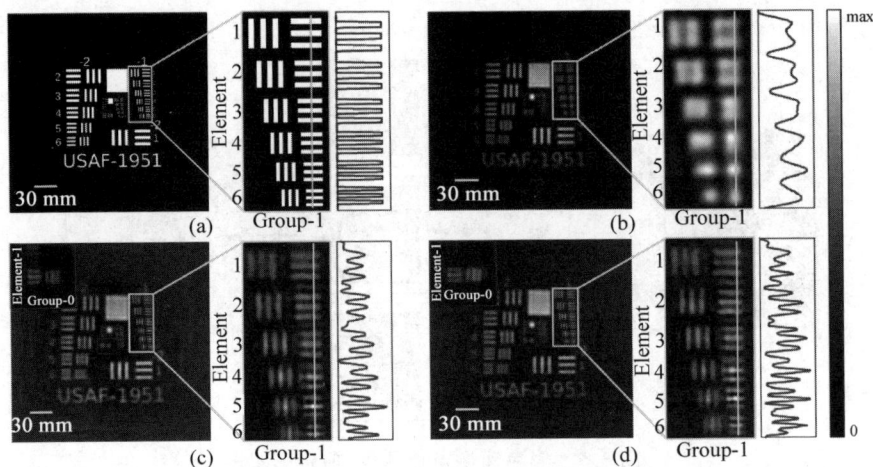

图 3.10　空间分辨率的实验测试结果

（a）USAF 1951 负片真值图；（b）$r_1 = 0.56$ mm 的菲涅耳波带片的重建结果；（c）$r_1 = 0.32$ mm 的菲涅耳波带片的重建结果；（d）$r_1 = 0.25$ mm 的菲涅耳波带片的重建结果

注：图中用 Group-1 为例比较剖面图变化情况。

3.5　本 章 小 结

　　本章提出了一种基于单帧菲涅耳波带片编码图像的无透镜成像方法。基于积分模型和卷积模型推导了菲涅耳波带片编码成像的图像重建方法，并分析验证了菲涅耳孔径编码图像与同轴全息图在数学形式上的等效性，给出了波带片参数与衍射距离和波长的对应关系。分析了在几何光学成像模型下菲涅耳孔径编码成像分辨率，推导了菲涅耳孔径编码成像分辨率与波带片参数之间的关系。针对图像重建中的孪生像问题，提出了基于全变差正则化的图像重建方法，有效地消除了重建图像中的孪生像噪声，提高了成像信噪比。在此基础上构建了无透镜相机样机，编码掩模与像感器之间无须特别校准，只需采集单帧编码图像即可完成图像重建，实现了对二值、灰度以及彩色图像的重建。

第 4 章　基于压缩感知的菲涅耳孔径编码成像

4.1　本章引言

压缩感知（CS，compressive sensing）是由 Candès、Tao、Donoho 等数学家于 2006 年前后提出的一种信息获取指导理论，其本质是利用信号的稀疏特性，以少于原始信号数据量的测量值来恢复原始信号。整个过程相当于信号在采样过程中被压缩了，所以也被称为"压缩采样"。压缩感知和深度学习分别从理论和实证上验证了信号中的先验知识可以被归纳总结并加以利用，因此可以用更少的信息来表达复杂信号。由压缩感知衍生的稀疏表示和字典学习理论对后来深度学习技术的发展具有深远的指导意义。

2008 年，美国莱斯大学基于压缩感知原理设计了一种单像素相机[134]，为压缩感知技术在摄影成像中的应用迈出了实质性的一步；随后Bahmani 等进一步推广了基于随机掩模的压缩感知成像[135]。2013 年，美国贝尔实验室提出了采用液晶调制器件进行动态调制的无透镜压缩感知成像系统[136]；2017 年美国麻省理工学院媒体实验室提出了基于编码照明和超快探测的压缩感知成像[32]，能大幅降低测量次数。从以上文献可以看出，目前压缩感知技术在摄影成像中的应用主要基于单像素多次采集的成像方式，图像采集效率不高。将压缩感知技术运用于基于面阵像感器的无透镜编码掩模成像中，则能够通过单次采集实现压缩采样，提高图像采集效率。

由第 3 章可知，菲涅耳孔径编码成像的分辨率与波带片的频率有关。由于记录条纹的频率随着菲涅耳波带片的半径增加而变高，因此大幅面的像感器可以获得高分辨率的图像。然而，大幅面像感器的昂贵价格限制了该技术的应用。本章提出基于部分采样的编码掩模的压缩感知成像模型，能够实现在部分测量数据缺失的情况下重建高质量图像，该方法为多块小尺寸像感器拼接成像提供了理论基础。

4.2　编码掩模成像的压缩感知模型

压缩感知理论认为,如果信号是稀疏的,那么可以在远低于奈奎斯特采样频率条件下,通过寻找欠定线性系统稀疏解的方式,以近乎 100% 的概率恢复原始信号。从部分测量值中恢复信号的压缩采样技术已经成功地在磁共振成像[137-141]、相位恢复问题[142-144]、全息技术[27,145-152]等成像相关领域得到应用。根据压缩感知理论特点,可以通过硬件编码的方式实现数据的降维采样,在硬件端同时实现图像信号的压缩和采样,硬件编码设计需要尽可能地保留目标图像的信息,图像信号的重建通过后端优化算法实现,这样的成像模型能够极大降低信号采集和传输的成本。信号的压缩采样过程可用线性方程组表示:

$$y = \boldsymbol{\Phi} x \tag{4-1}$$

其中 x 为原始信号;$\boldsymbol{\Phi}$ 为测量矩阵;y 为测量信号。原始信号 x 长度为 N,测量信号 y 的长度为 M,有测量矩阵 $\boldsymbol{\Phi} \in \mathbb{R}^{M \times N}$,$M < N$。$x$ 一般是非稀疏的,在稀疏基底 $\boldsymbol{\Psi}$ 下可以表示为一个 K 稀疏信号 θ,因此,压缩采样过程可以改写为

$$y = \boldsymbol{\Phi}\boldsymbol{\Psi}\theta = \boldsymbol{A}\theta \tag{4-2}$$

其中 $\boldsymbol{A}$ 为传感矩阵。要想从测量信号 y 中恢复 θ,可通过稀疏重构方法,求解如下 l_1 范数优化问题:

$$\min_{\theta} \|\theta\|_1 \quad \text{s. t. } \boldsymbol{A}\theta = y \tag{4-3}$$

通常采用拉格朗日乘子法将上述约束最小化问题转化为无约束问题进行求解:

$$\hat{\theta} = \arg\min_{\theta}\left\{ \|y - \boldsymbol{A}\theta\|_2^2 + \lambda \|\theta\|_1 \right\} \tag{4-4}$$

压缩感知的数学模型可以用图 4.1 描述。

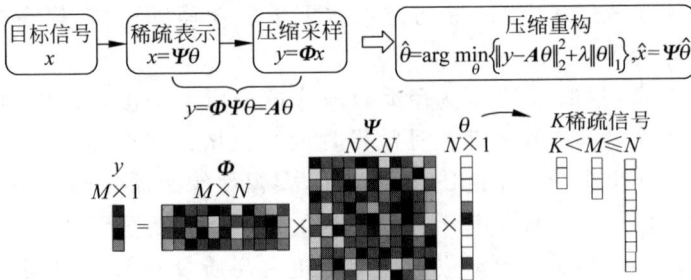

图 4.1　压缩感知的数学模型

　　编码掩模成像系统通过引入一块可自定义的编码掩模,为成像模型提供了很大自由度。因此,建立编码掩模成像参数与压缩感知模型之间的联系对提升编码掩模成像质量至关重要。压缩感知理论表明,要想实现原始信号的高质量重建,需要满足以下两个条件:

　　(1) 稀疏性。原始信号自身或在某个变换域上需要具备稀疏性。一个信号中只有少部分非零值,大部分为零值或极小值,则可以认为这个信号满足稀疏性。实际问题中信号自身往往不具备稀疏性,需要对信号进行稀疏表示。

　　(2) 不相关性。Tao 和 Candès 提出测量矩阵 $\boldsymbol{\Phi}$ 应满足约束等距性条件(RIP, restricted isometry property),之后 Baraniuk 证明 RIP 等价于观测矩阵 $\boldsymbol{\Phi}$ 和稀疏表示基 $\boldsymbol{\Psi}$ 不相关。

　　下面就稀疏性和不相关性对编码掩模的压缩成像模型进行分析。

4.2.1　信号的稀疏表示

　　信号的稀疏表示是采用尽可能少的基本信号的线性组合来表示原始信号的过程,从而可以用较少的系数对信号进行存储和传输。对于长度为 N 的离散信号而言,其中有 K 个非零元素,而且 $K \ll N$,则称这个向量是"严格 K 稀疏"的。而实际信号很难满足严格 K 稀疏。一般而言,信号中除去 K 个非零元素以外的元素值都很小,则可认为该信号是稀疏的。假设有一信号向量 $\boldsymbol{y} \in \mathbb{R}^m$,它具有 m 个正交基向量 $\boldsymbol{g}_i, i=1,2,\cdots,m$,这些正交基向量构成了一组完备正交基。此时可以将向量 $\boldsymbol{y}$ 做如下分解:

$$\boldsymbol{y} = \sum_{i=1}^{m} \boldsymbol{\theta}_i \boldsymbol{g}_i = \boldsymbol{G\theta} \tag{4-5}$$

若系数向量 $\boldsymbol{\theta}$ 是稀疏的,那么式(4-5)就完成了对信号 $\boldsymbol{y}$ 的稀疏分解。而将信号 $\boldsymbol{y}$ 变换成稀疏信号 $\boldsymbol{\theta}$ 的变换称为"稀疏变换"。对于图像信号而言,常用的稀疏变换有离散余弦变换、小波变换、梯度域变换等,图 4.2 给出了图像信号在傅里叶频谱域上的稀疏采样模型的实例,验证了压缩感知重建图像的能力。

　　通常这类基于完备正交基的稀疏变换对信号稀疏表示具有局限性,对于复杂信号在变换域上往往不再是稀疏信号。另一类做法是将信号 $\boldsymbol{y}$ 分解为 n 个 m 维信号的线性组合,其中 $n > m$,表示如下:

$$\boldsymbol{y} = \boldsymbol{D\theta} = \sum_{i=1}^{m} \boldsymbol{\theta}_i \boldsymbol{d}_i \tag{4-6}$$

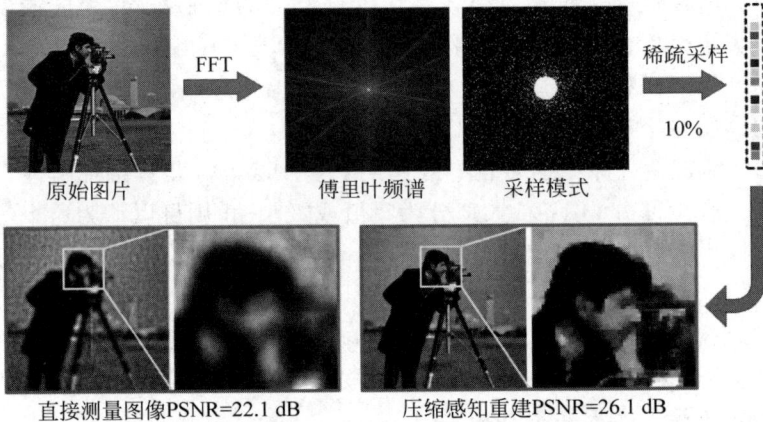

原始图片　　　　　　傅里叶频谱　　　　采样模式

稀疏采样

10%

直接测量图像PSNR=22.1 dB　　　　压缩感知重建PSNR=26.1 dB

图 4.2　傅里叶频谱域上的稀疏采样模型及其重建

由于 $n > m$，$\boldsymbol{D}$ 中的列向量 $\boldsymbol{d}_i$ 不再是正交基向量，而被称为"原子"或"框架"。由于原子的个数大于信号的维度，这些原子的集合是过完备的，矩阵 $\boldsymbol{D}$ 被称为"过完备字典"。过完备字典无法像完备正交基一样直接定义，需要通过机器学习的方法从大量数据中学习得到，称为"字典学习"。学习的目标是使得所有数据样本在这些原子的线性组合表示下是稀疏的，即同时优化字典和稀疏表示系数这两个目标。字典学习常用的方法有拉格朗日对偶法[153]、K-SVD 方法[154]、随机梯度下降法[155]等。

由于式(4-6)未知量的个数大于方程组个数，属于欠定方程组，存在无数多组解信号 $\boldsymbol{\theta}$。因此需要从这些解信号中找出一个最稀疏的信号，实现对信号 $\boldsymbol{y}$ 的稀疏分解。求解过程可表示为如下优化问题：

$$\min_{\boldsymbol{\theta}} \left\| \boldsymbol{\theta} \right\|_0 \quad \text{s. t. } \boldsymbol{D\theta} = \boldsymbol{y} \tag{4-7}$$

由于测量信号的维度小于原始信号维度，同样属于欠定问题，无法直接求解。若信号可被稀疏分解，那么信号稀疏表示矩阵 $\boldsymbol{\Psi}$ 和测量矩阵 $\boldsymbol{\Phi}$ 可以合并为传感矩阵 $\boldsymbol{A}$。由于稀疏表示矩阵 $\boldsymbol{\Psi}$ 和测量矩阵 $\boldsymbol{\Phi}$ 为已知量，压缩感知求解稀疏信号 $\boldsymbol{\theta}$ 这一步骤等价于求解信号 $\boldsymbol{y}$ 的稀疏表示问题。至此，压缩感知问题便和稀疏表示问题联系在了一起，因此压缩感知求解稀疏信号的核心即 l_0 范数最小化问题。然而，式(4-7)的求解存在几个缺点：首先，采用 l_0 范数并不能准确反映实际信号的稀疏程度，只能得到信号的严格稀疏解。而且，Donoho 和 Elab 等证明了 l_0 范数最小化问题属于无法在多项式时间完成的问题[24,156-157],只能采用穷举法筛选出信号向量中所有可能的非零元素,但搜索空间过于庞大导致计算起来十分困难。根据 2.2.2 节对 l_0 和 l_1 正则化的介绍可以看出,l_1 范数是 l_0 范数的最优凸近似,即 l_1 范数能够保证产生稀疏解,同时可以用凸优化的方法进行求解。因此通常的做法是将 l_0 范数最小化用 l_1 范数最小化代替进行计算。

4.2.2　编码掩模成像观测矩阵的不相关性

压缩感知的 RIP 是判断传感矩阵 $\boldsymbol{A}$ 能否实现信号压缩采样的一个重要标准。当对于任意 K 稀疏信号 $\boldsymbol{\theta}$ 都能满足如下不等式时[158]:

$$(1-\delta)\left\|\boldsymbol{\theta}\right\|_2^2 \leqslant \left\|\boldsymbol{A}\boldsymbol{\theta}\right\|_2^2 \leqslant (1+\delta)\left\|\boldsymbol{\theta}\right\|_2^2 \tag{4-8}$$

则传感矩阵 $\boldsymbol{A}$ 满足 RIP,其中 $\delta \in (0,1)$。可以看到,$\left\|\boldsymbol{A}\boldsymbol{\theta}\right\|_2^2$ 实际上表示的是测量信号 $\boldsymbol{y}$ 的能量,而 $\left\|\boldsymbol{\theta}\right\|_2^2$ 表示的是原始稀疏信号 $\boldsymbol{\theta}$ 的能量。RIP 不等式实际上约束的是通过传感矩阵变换后的信号能量与原信号能量的变化范围,其下限不能为零,上限不能超过原始信号的 2 倍。因此在 RIP 约束下,测量系统具有稳定的能量性质。Candès 等证明了当 $\boldsymbol{\Phi}$ 是高斯随机矩阵时,传感矩阵能以较大概率满足 RIP[24,159]。其他常见的能使传感矩阵满足 RIP 的测量矩阵还包括二值随机伯努利矩阵[160]、局部傅里叶矩阵[161]、局部哈达玛矩阵[162] 以及 Toeplitz 矩阵[163]。Tao 和 Candès 证明了独立同分布的高斯随机测量矩阵可以成为普适的压缩感知测量矩阵;Bajwa 等研究表明,元素服从某种特定分布的 Toeplitz 矩阵会以大概率满足 RIP 特性[163]。

RIP 为判断成像过程是否可以作为压缩感知中的感知矩阵提供了一个标准,但是在实际使用过程中,RIP 的验证需要进行 C_N^K 次的计算验证,操作复杂且计算量大,通常的做法是将该矩阵与高斯测量矩阵对信号的恢复能力做类比。本节针对一维情况下对菲涅耳孔径编码成像性能做定性分析。采用正弦型波带片的一维径向函数对应的卷积矩阵做测量矩阵,用来模拟卷积操作,对长度 $N=2048$,稀疏度 $K=200$ 的信号进行重构,信号和波带片的采样间隔为 10 μm。模拟实验中分别测试了波带片常数为 0.8 mm、0.7 mm、0.6 mm、0.5 mm 时的重构情况,其函数图像如图 4.3(a)所示。信号重构结果如图 4.3(b)所示,同时给出高斯随机矩阵作为参考。可

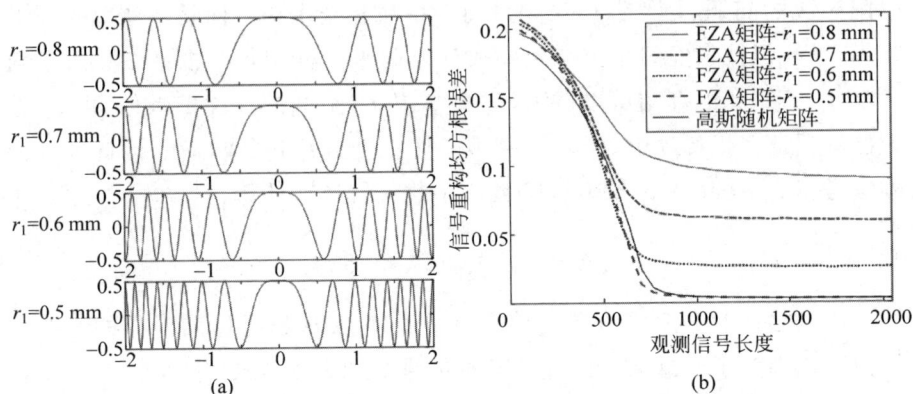

图 4.3　FZA 测量矩阵与高斯随机测量矩阵对信号的恢复能力比较
(a) 不同波带片常数的一维 FZA 分布；(b) FZA 测量矩阵与高斯随机测量矩阵的重构误差对比

以看到 r_1 越小，重构误差越小，当 $r_1 = 0.5$ mm 时，重构性能与高斯测量矩阵几乎一致。该结论与 3.2.2 节对菲涅耳孔径编码成像分辨率分析结果结论一致，即波带片常数越小，其成像分辨率越高，对信号的重构误差也就越小。因此在对菲涅耳孔径编码成像进行压缩重建时，波带片常数越小，其成功率也越高。

4.3　编码掩模成像的压缩重建算法

　　3.2.2 节提到菲涅耳编码孔径成像分辨率与像感器尺寸和波带片常数有关，当波带片常数一定时，像感器尺寸越大，成像分辨率越高。受半导体生产工艺限制，大尺寸像感器晶圆利用率和成品率更低，像感器价格随对角线尺寸呈现指数上涨。采用多块小尺寸像感器代替大尺寸像感器进行图像探测，能够在保证不损失分辨率的同时最大限度降低硬件成本。而采用多块小尺寸像感器进行拼接成像则面临着像感器之间会有测量数据缺失的问题，如图 4.4 所示。利用压缩感知算法，从不完整编码图像中恢复原始图像是解决图像融合问题的关键。本节首先通过分析数值计算中循环卷积和线性卷积的等效关系，建立了编码掩模成像的不完备测量模型，然后利用 ADMM 算法对优化目标函数进行求解，实现编码掩模成像的压缩重建。

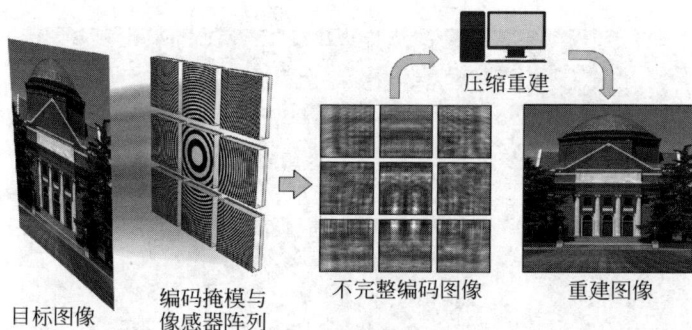

图 4.4　采用压缩重建实现的无透镜编码掩模多像感器拼接成像

4.3.1　循环卷积与线性卷积

在计算机处理卷积操作时,一般利用傅里叶变换将信号变换到频域,这样卷积操作可以转化为各自频谱函数的相乘,最后做一次逆傅里叶变换将信号变换回空域。快速傅里叶变换能大大加快卷积的运算速度。然而这种计算方式实际上将卷积当作循环卷积处理,也就是将卷积的信号做周期延拓,而在实际成像过程中点扩散函数与原始图像的卷积属于线性卷积,不存在周期延拓。这样采用线性卷积编码,循环卷积重建造成了模型误差,该误差可通过模拟实验进行验证。设原始图像具有 $P \times P$ 像素大小,点扩散函数具有 $Q \times Q$ 像素大小,采集到的编码图像具有 $Q \times Q$ 像素大小,其中 $P < Q$。定义图像画幅占比为 $P/Q \times 100\%$。本实验对画幅占比为 50%、70%、90%、100% 四种情况进行测试,结果如图 4.5 所示。首先,采用线性卷积的方式得到不同画幅占比的编码图像如图 4.5(a)所示,图 4.5(b)为循环卷积的编码图像,图 4.5(c)为循环卷积相对于线性卷积的误差,对应的均方根误差(RMSE,root mean square error)标注在了图像下方,对于两幅图像 A 和 B,RMSE 定义为

$$\text{RMSE} = \sqrt{\frac{1}{N}\sum_{i=1}^{N}(A_i - B_i)^2} \tag{4-9}$$

其中 N 为像素总数。最后采用 TwIST 算法[92]对线性卷积编码图像进行重建,如图 4.5(d)所示。可以看到,随着图像画幅占比增大,卷积误差不断增大,重建图像中伪影现象越来越严重。

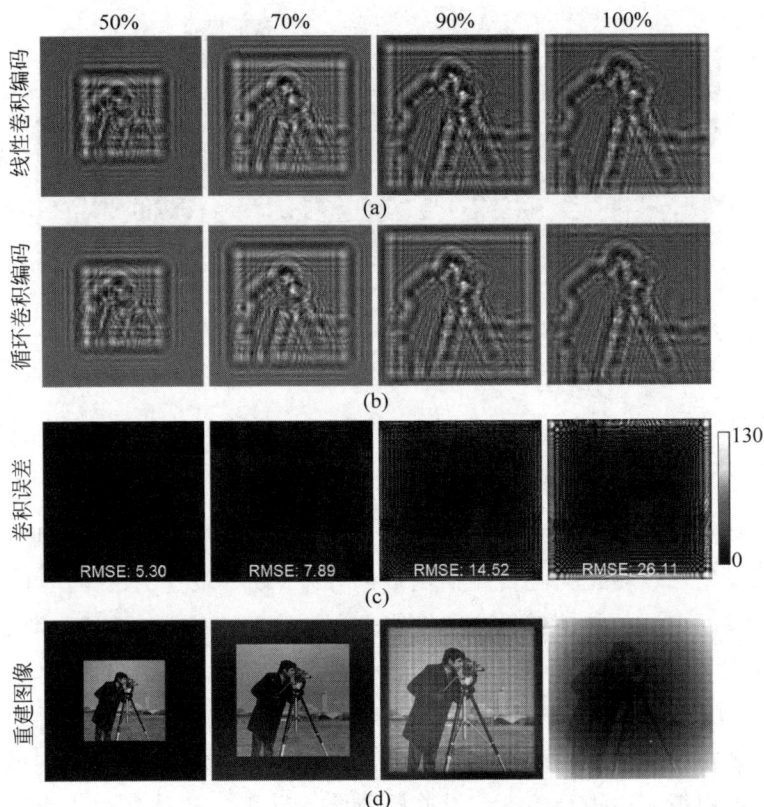

图 4.5　线性卷积与循环卷积对图像重建的影响

为了消除这一模型误差,需要建立线性卷积和循环卷积之间的等效关系。根据图 4.5 的卷积误差图像可以看出,当图像画幅占比不为 100% 时,循环卷积在图像中心存在一块误差为零的区域,且随着画幅占比的缩小,零误差的区域在逐渐扩大。经过分析,循环卷积需要将 $P \times P$ 大小图像周围补零至 $Q \times Q$ 大小,当卷积核边界移动范围在补零区域内时,其周期延拓的部分均落在了补零区域,不影响最终卷积结果。综上所述,可以得出如下结论:对于 $P \times P$ 像素大小的图像,将其补零至 $Q \times Q$ 大小,与 $Q \times Q$ 像素大小点扩散函数进行循环卷积,得到图像的中心 $(Q-P) \times (Q-P)$ 部分,与线性卷积等效。特别地,当 $P = Q/2$ 时,等效区域与原图像尺寸相同。也就是说 $P \times P$ 线性卷积可看作是 $2P \times 2P$ 循环卷积中心 $P \times P$ 部分的不完备测量,如图 4.6 所示。

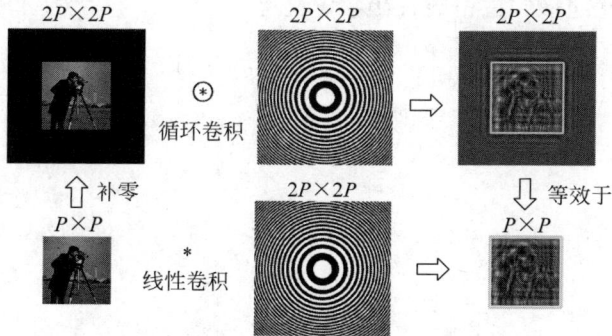

图 4.6　线性卷积与循环卷积的等效关系

4.3.2　前向模型与重建算法

基于第 3 章式(3-24)设计如下优化目标函数:

$$\hat{x} = \arg \min_x \left\{ \left\| Dx \right\|_1 + \frac{\lambda}{2} \left\| D(Cx - f) \right\|_\Omega^2 \right\} \tag{4-10}$$

其中 C 表示循环卷积算子;D 表示差分算子;f 表示编码图像;$\left\| \cdot \right\|_\Omega$ 表示仅在指标集 Ω 上计算 l_2 范数,根据 4.3.1 节的分析,Ω 取图像中心 1/4 的区域可以确保模型的正确性;$\lambda > 0$ 为正则化参数。与第 3 章成像模型相比,$\left\| Dx \right\|_1$ 等价于全变差正则化项,而误差项中采用了卷积模型代替菲涅耳衍射模型,因此理论上可以扩展到任何编码掩模成像系统,同时在计算预测图像与测量图像的 RMSE 之前添加一个差分算子,这样能够有效消除测量图像中直流项的干扰,进一步提高成像质量。

由于引入了指标集 Ω,无法继续采用 TwIST 算法进行求解。这里采用 ADMM[94] 对式(4-10)进行求解。ADMM 方法可将复杂的问题分解成若干个易于求解的子问题,缩小了问题的规模,降低了求解难度。首先将式(4-10)改写为等价的约束优化问题:

$$\min \left\{ \left\| w_h \right\|_1 + \left\| w_v \right\|_1 + \frac{\lambda}{2} \left\| (z_h)_\Omega - b_h \right\|_2^2 + \frac{\lambda}{2} \left\| (z_v)_\Omega - b_v \right\|_2^2 \right\},$$

$$\text{s.t.}\ D_h x - w_h = 0, \quad D_v x - w_v = 0, \quad D_h Cx - z_h = 0, \quad D_v Cx - z_v = 0 \tag{4-11}$$

其中 D_h 和 D_v 分别为水平方向和垂直方向的差分算子;$b_h = D_h f, b_v =$

$D_v f$。该问题的增广拉格朗日函数定义为

$$\mathcal{L}(x, w_h, w_v, z_h, z_v) = \|w_h\|_1 + \|w_v\|_1 + \frac{\lambda}{2}\|(z_h)_\Omega - b_h\|_2^2 +$$

$$\frac{\lambda}{2}\|(z_v)_\Omega - b_v\|_2^2 + \frac{\mu}{2}\|w_h - D_h x + \frac{1}{\mu}y_1\|_2^2 +$$

$$\frac{\mu}{2}\|w_v - D_v x + \frac{1}{\mu}y_2\|_2^2 + \frac{\eta}{2}\|z_h - D_h C x + \frac{1}{\eta}y_3\|_2^2 +$$

$$\frac{\eta}{2}\|z_v - D_v C x + \frac{1}{\eta}y_4\|_2^2 \tag{4-12}$$

其中 y_1、y_2、y_3、y_4 为尺度对偶变量；$\mu > 0$、$\eta > 0$ 为惩罚参数。通过给定中间变量 w_h、w_v、z_h、z_v 和尺度对偶变量 y_1、y_2、y_3、y_4 的初值，ADMM算法在第 k 次迭代过程中依次求解如下子优化问题：

$$\begin{cases} x^k = \arg\min\limits_{x} \mathcal{L}(x, w_h^{k-1}, w_v^{k-1}, z_h^{k-1}, z_v^{k-1}) \\ w_h^k = \arg\min\limits_{w_h} \mathcal{L}(x^k, w_h, w_v^{k-1}, z_h^{k-1}, z_v^{k-1}) \\ w_v^k = \arg\min\limits_{w_v} \mathcal{L}(x^k, w_h^k, w_v, z_h^{k-1}, z_v^{k-1}) \\ z_h^k = \arg\min\limits_{z_h} \mathcal{L}(x^k, w_h^k, w_v^k, z_h, z_v^{k-1}) \\ z_v^k = \arg\min\limits_{z_v} \mathcal{L}(x^k, w_h^k, w_v^k, z_h^k, z_v) \end{cases} \tag{4-13}$$

并更新对偶变量：

$$\begin{cases} y_1^k = y_1^{k-1} + \beta\mu(w_h^k - D_h x^k) \\ y_2^k = y_2^{k-1} + \beta\mu(w_v^k - D_v x^k) \\ y_3^k = y_3^{k-1} + \beta\eta(z_h^k - D_h C x^k) \\ y_4^k = y_4^{k-1} + \beta\eta(z_v^k - D_v C x^k) \end{cases} \tag{4-14}$$

其中 $\beta \in \left(0, \frac{\sqrt{5}+1}{2}\right)$ 用来控制更新的步长。通过交替迭代优化 x、w_h、w_v、z_h、z_v、y_1、y_2、y_3、y_4 最终恢复原始图像 x。对于第 k 次迭代，具体步骤如下：

（1）固定其他变量，更新 x：

$$x^k = \arg\min\limits_{x}\left\{\frac{\mu}{2}\|w_h^{k-1} - D_h x + \frac{1}{\mu}y_1^{k-1}\|_2^2 + \frac{\mu}{2}\|w_v^{k-1} - D_v x + \frac{1}{\mu}y_2^{k-1}\|_2^2 + \right.$$

$$\frac{\eta}{2}\left\|z_{\mathrm{h}}^{k-1}-D_{\mathrm{h}}Cx+\frac{1}{\eta}y_3^{k-1}\right\|_2^2+\frac{\eta}{2}\left\|z_{\mathrm{v}}^{k-1}-D_{\mathrm{v}}Cx+\frac{1}{\eta}y_4^{k-1}\right\|_2^2\right\}$$

$$(4\text{-}15)$$

式(4-15)中目标函数是关于 x 的凸函数,因此可对 x 求偏导数,并令偏导数等于零,从而可得:

$$x^k=(\mu D_{\mathrm{h}}^{\mathrm{T}}D_{\mathrm{h}}+\mu D_{\mathrm{v}}^{\mathrm{T}}D_{\mathrm{v}}+\eta C^{\mathrm{T}}D_{\mathrm{h}}^{\mathrm{T}}D_{\mathrm{h}}C+\eta C^{\mathrm{T}}D_{\mathrm{v}}^{\mathrm{T}}D_{\mathrm{v}}C)^{-1}\times$$

$$\left[\mu D_{\mathrm{h}}^{\mathrm{T}}\left(w_{\mathrm{h}}^{k-1}+\frac{1}{\mu}y_1^{k-1}\right)+\mu D_{\mathrm{v}}^{\mathrm{T}}\left(w_{\mathrm{v}}^{k-1}+\frac{1}{\mu}y_2^{k-1}\right)+\right.$$

$$\left.\eta C^{\mathrm{T}}D_{\mathrm{h}}^{\mathrm{T}}\left(z_{\mathrm{h}}^{k-1}+\frac{1}{\eta}y_3^{k-1}\right)+\eta C^{\mathrm{T}}D_{\mathrm{v}}^{\mathrm{T}}\left(z_{\mathrm{v}}^{k-1}+\frac{1}{\eta}y_4^{k-1}\right)\right] \quad (4\text{-}16)$$

由于直接求解式(4-16)需要显式计算逆矩阵,实现较为困难,可转换到频域进行求解。根据卷积定理,卷积算子等价于 $C=\mathcal{F}^{-1}H\mathcal{F}$,其中 $\mathcal{F}$ 为傅里叶变换矩阵, $\mathcal{F}^{-1}$ 为傅里叶逆变换矩阵, H 为对角矩阵,对角线上的元素构成了频域传递函数。同理,差分算子也可做类似替换,即 $D_{\mathrm{h}}=\mathcal{F}^{-1}K_{\mathrm{h}}\mathcal{F}$, $D_{\mathrm{v}}=\mathcal{F}^{-1}K_{\mathrm{v}}\mathcal{F}$。将以上变量代入式(4-16)替换卷积算子,并对等号两边进行傅里叶变换操作,可得:

$$\mathcal{F}x^k=\left[\mu K_{\mathrm{h}}^*\mathcal{F}\left(w_{\mathrm{h}}^{k-1}+\frac{1}{\mu}y_1^{k-1}\right)+\mu K_{\mathrm{v}}^*\mathcal{F}\left(w_{\mathrm{v}}^{k-1}+\frac{1}{\mu}y_2^{k-1}\right)+\right.$$

$$\left.\eta H^*K_{\mathrm{h}}^*\mathcal{F}\left(z_{\mathrm{h}}^{k-1}+\frac{1}{\eta}y_3^{k-1}\right)+\eta H^*K_{\mathrm{v}}^*\mathcal{F}\left(z_{\mathrm{v}}^{k-1}+\frac{1}{\eta}y_4^{k-1}\right)\right]\Big/$$

$$\left[(\mu I+\eta\mid H\mid^2)(\mid K_{\mathrm{h}}\mid^2+\mid K_{\mathrm{v}}\mid^2)\right] \quad (4\text{-}17)$$

其中 I 为单位矩阵。式(4-17)等号右侧分子中仅包含傅里叶变换矩阵和对角矩阵;而分母均为已知对角矩阵,可通过图像逐像素相除来实现。最后对等号右侧施加逆傅里叶变换得到更新后的 x。

(2) 固定其他变量,更新 w:

$$\begin{cases}w_{\mathrm{h}}^k=\arg\min\limits_{w_{\mathrm{h}}}\left\{\left\|w_{\mathrm{h}}\right\|_1+\frac{\mu}{2}\left\|w_{\mathrm{h}}-D_{\mathrm{h}}x^k+\frac{1}{\mu}y_1^{k-1}\right\|_2^2\right\}\\[2mm]w_{\mathrm{v}}^k=\arg\min\limits_{w_{\mathrm{v}}}\left\{\left\|w_{\mathrm{v}}\right\|_1+\frac{\mu}{2}\left\|w_{\mathrm{v}}-D_{\mathrm{v}}x^k+\frac{1}{\mu}y_2^{k-1}\right\|_2^2\right\}\end{cases} \quad (4\text{-}18)$$

该最小化问题的最优解具有软阈值的形式,可得:

$$\begin{cases} w_{\mathrm{h}}^{k} = \max\left(\left| D_{\mathrm{h}} x^{k} - \dfrac{y_{1}^{k-1}}{\mu} \right| - \dfrac{1}{\mu}, 0\right) \cdot \mathrm{sgn}(w_{\mathrm{h}}^{k-1}) \\[3mm] w_{\mathrm{v}}^{k} = \max\left(\left| D_{\mathrm{v}} x^{k} - \dfrac{y_{2}^{k-1}}{\mu} \right| - \dfrac{1}{\mu}, 0\right) \cdot \mathrm{sgn}(w_{\mathrm{v}}^{k-1}) \end{cases} \tag{4-19}$$

（3）固定其他变量，更新 z：

$$\begin{cases} z_{\mathrm{h}}^{k} = \arg \min\limits_{z_{\mathrm{h}}} \left\{ \dfrac{\lambda}{2} \left\| (z_{\mathrm{h}})_{\Omega} - b_{\mathrm{h}} \right\|_{2}^{2} + \dfrac{\eta}{2} \left\| z_{\mathrm{h}} - D_{\mathrm{h}} C x^{k} + \dfrac{1}{\eta} y_{3}^{k-1} \right\|_{2}^{2} \right\} \\[4mm] z_{\mathrm{v}}^{k} = \arg \min\limits_{z_{\mathrm{v}}} \left\{ \dfrac{\lambda}{2} \left\| (z_{\mathrm{v}})_{\Omega} - b_{\mathrm{v}} \right\|_{2}^{2} + \dfrac{\eta}{2} \left\| z_{\mathrm{v}} - D_{\mathrm{v}} C x^{k} + \dfrac{1}{\eta} y_{4}^{k-1} \right\|_{2}^{2} \right\} \end{cases} \tag{4-20}$$

为了使表达式更为简洁，令 $t_{\mathrm{h}} = D_{\mathrm{h}} C x^{k} - y_{3}^{k-1}/\eta$，$t_{\mathrm{v}} = D_{\mathrm{v}} C x^{k} - y_{4}^{k-1}/\eta$。由于目标函数式(4-20)中 z 的指标集不同，无法直接令 z 的偏导数为零来获取最优解，可以对指标集内外区域做分类讨论。经过分析有：

$$\frac{\lambda}{2} \left\| z_{\Omega} - b \right\|_{2}^{2} + \frac{\eta}{2} \left\| z - t \right\|_{2}^{2} \geqslant \frac{\lambda}{2} \sum_{i \in \Omega} (z_{i} - b_{i})^{2} + \frac{\eta}{2} \sum_{i \in \Omega} (z_{i} - t_{i})^{2} \tag{4-21}$$

不等式等号成立的条件是对于 $i \notin \Omega$，有 $z_{i} = t_{i}$。而不等式右边的 z 具有相同的指标集，因此可对 z 求偏导数，并令偏导数为零，可得：

$$z = \frac{\lambda b + \eta t}{\lambda + \eta} \tag{4-22}$$

因此，式(4-20)取最小值的最优 z 值为

$$\begin{cases} z_{\mathrm{h}}^{k} = \begin{cases} \dfrac{\lambda b_{\mathrm{h}} + \eta t_{\mathrm{h}}}{\lambda + \eta}, & i \in \Omega \\[3mm] t_{\mathrm{h}}, & i \notin \Omega \end{cases} \\[6mm] z_{\mathrm{v}}^{k} = \begin{cases} \dfrac{\lambda b_{\mathrm{v}} + \eta t_{\mathrm{v}}}{\lambda + \eta}, & i \in \Omega \\[3mm] t_{\mathrm{v}}, & i \notin \Omega \end{cases} \end{cases} \tag{4-23}$$

在完成优化变量 x 和中间变量 w_{h}、w_{v}、z_{h}、z_{v} 的更新后，按照式(4-14)更新对偶变量 y_{1}、y_{2}、y_{3}、y_{4}，完成一次迭代流程。最后根据具体的收敛条件，如达到最大迭代次数或优化目标函数低于设定的阈值等判断是否输出优化变量 x。算法流程如图 4.7 所示。

开始

初始化
$w_h, w_v, z_h, z_v, y_1, y_2, y_3, y_4$

更新x
$$x^k = \mathcal{F}^{-1}\left\{\frac{\left[\mu K_h^* \mathcal{F}\left(w_h^{k-1} + \frac{1}{\mu}\, y_1^{k-1}\right) + \mu K_v^* \mathcal{F}\left(w_v^{k-1} + \frac{1}{\mu}\, y_2^{k-1}\right) + \eta H^* K_h^* \mathcal{F}\left(z_h^{k-1} + \frac{1}{\eta}\, y_3^{k-1}\right) + \eta H^* K_v^* \mathcal{F}\left(z_v^{k-1} + \frac{1}{\eta}\, y_4^{k-1}\right)\right]}{\left(\mu I + \eta \left|H\right|^2\right)\left(\left|K_h\right|^2 + \left|K_v\right|^2\right)}\right\}$$

更新w
$$\begin{cases} w_h^k = \max\left(\left|D_h x^k - \dfrac{y_1^{k-1}}{\mu}\right| - \dfrac{1}{\mu},\, 0\right)\cdot \mathrm{sgn}\left(w_h^{k-1}\right) \\ w_v^k = \max\left(\left|D_v x^k - \dfrac{y_2^{k-1}}{\mu}\right| - \dfrac{1}{\mu},\, 0\right)\cdot \mathrm{sgn}\left(w_v^{k-1}\right) \end{cases}$$

更新z
$$z_h^k = \begin{cases} \dfrac{\lambda b_h + \eta t_h}{\lambda + \eta},\, i\in\Omega \\ t_h, \qquad\quad i\notin\Omega \end{cases},\quad z_v^k = \begin{cases} \dfrac{\lambda b_v + \eta t_v}{\lambda + \eta},\, i\in\Omega \\ t_v, \qquad\quad i\notin\Omega \end{cases}$$

更新对偶变量y_1, y_2, y_3, y_4
$$\begin{cases} y_1^k = y_1^{k-1} + \beta\mu\left(w_h^k - D_h x^k\right) \\ y_2^k = y_2^{k-1} + \beta\mu\left(w_v^k - D_v x^k\right) \\ y_3^k = y_3^{k-1} + \beta\eta\left(z_h^k - D_h C x^k\right) \\ y_4^k = y_4^{k-1} + \beta\eta\left(z_v^k - D_v C x^k\right) \end{cases}$$

$k+1 \leftarrow k$　　　否　　满足收敛条件?

是

输出x

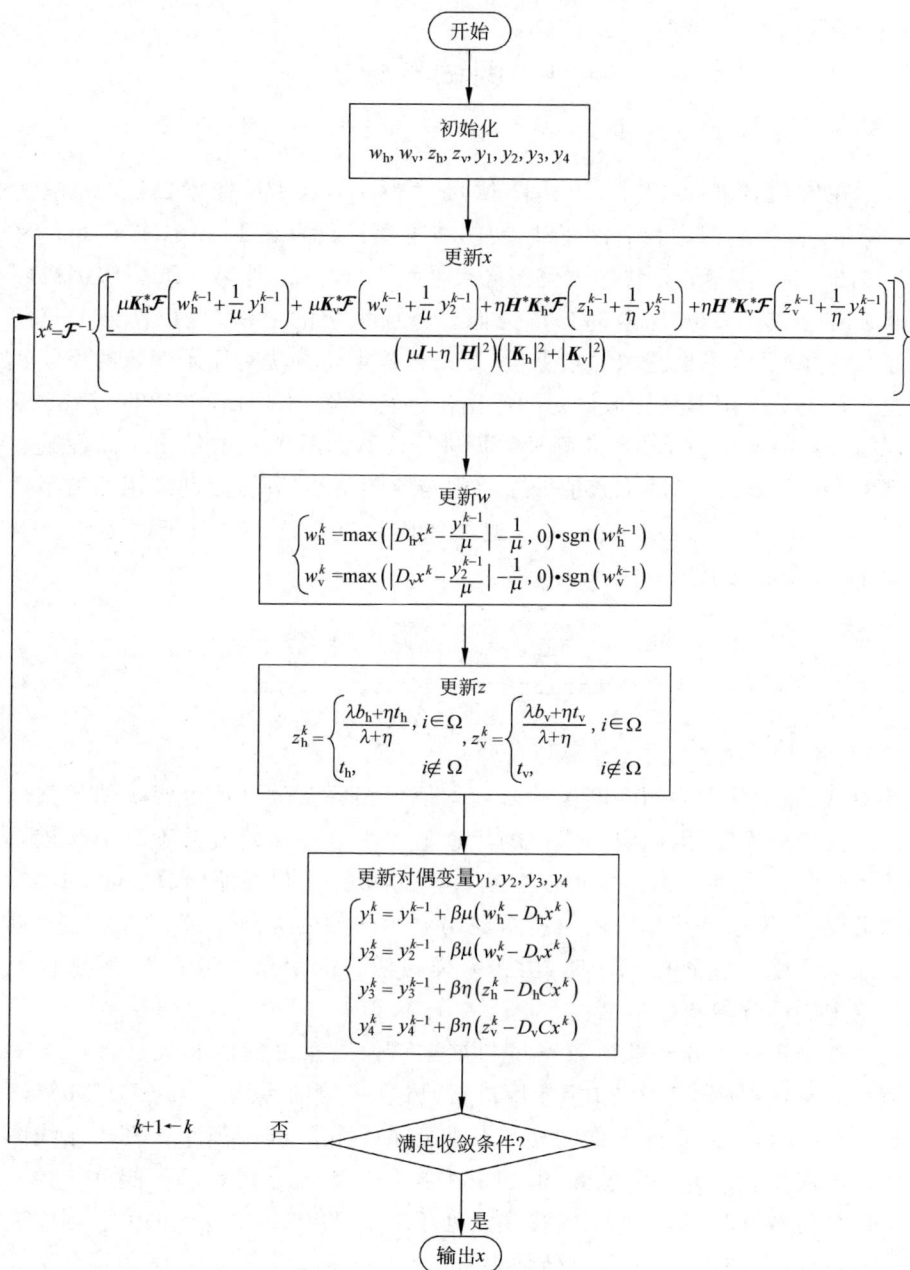

图 4.7　基于 ADMM 无透镜编码掩模成像压缩重建算法流程图

4.4　测试与分析

4.4.1　数值重建结果

在数值模拟实验中,原始图像尺寸为 256×256 像素,像素间隔为 $10~\mu m$;掩模版图案为菲涅耳波带片,波带片常数为 $0.25~mm$,掩模版尺寸为 512×512 像素;完整的编码图像尺寸为 768×768 像素。取完整编码图像中心的 256×256 像素部分作为像感器所采集的图像,现根据该采集图像,通过减少该采集图像的数据量,测试压缩重建算法对原始图像的恢复性能。首先采用矩形采样区域对编码图像进行采样,采样比例以 256×256 像素的采集图像作为 100% 的测量数据进行计算。图 4.8(a)给出了图像重建实例,由于重建图像的像素值分布范围与原图不尽相同,因此采用相关系数(CC,correlation coefficient)对重建图像质量进行评价。对于两幅图像 A 和 B,相关系数定义为

$$CC = \frac{\sum\limits_{i}^{N}(A_i - \overline{A})(B_i - \overline{B})}{\sqrt{\sum\limits_{i}^{N}(A_i - \overline{A})^2 \sum\limits_{i}^{N}(B_i - \overline{B})^2}} \tag{4-24}$$

其中 $\overline{A}$ 和 $\overline{B}$ 分别为两幅图像的灰度均值。相关系数可评价两幅图像整体的线性相关程度,因此两幅图像的像素值发生偏移和缩放并不会引起该系数的改变。从图 4.8(a)中可以看到,在采样数据量仅为原始数量的 56.3% 的情况下,压缩重建算法依然能重建出原始图像的大致轮廓。当采样数据量缩减到原始数量的 25% 时,由于采样图像边缘信息大量丢失,算法仅能恢复中心部分的图像信息。

为了进一步分析采样数据量与重建图像质量之间的相关性,对 CSIQ 图像质量数据库[164]中 30 幅图像进行测试,每幅图像均采用 ADMM 算法迭代 200 次,最终重建图像的相关系数分布如图 4.8(b)所示。图中箱线图框内的线条表示样本中位数,框的下边缘和上边缘分别表示下四分位数和上四分位数,即数据从小到大排序后处于 25% 和 75% 位置上的值。圆圈表示离群值,即超出上、下四分位数之差 1.5 倍的值,竖线的上、下两端分别表示除去离群值之后的最大值和最小值。最后用折线图连接了每种采样数据量下相关系数的均值。可以看到,当采样数据量小于 50%,图像重建质量

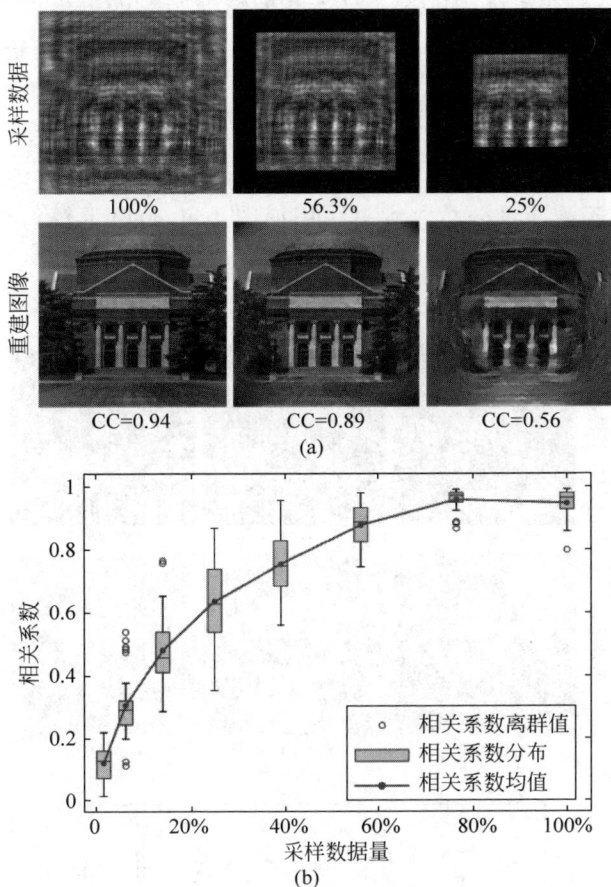

图 4.8　基于矩形采样区域的压缩重建结果

（a）采样数据量分别为 100％、56.3％、25％的采样区域及对应的重建结果；（b）CSIQ 数据
库[164]中 30 幅图像在不同采样数据量下重建图像的相关系数分布

随着采样数据量的减少而迅速下降。在采样数据量仅为 6.3％的情况下，
重建图像相关系数均值降至 0.30。

　　实际上，矩形采样并没有充分考虑编码图像在频谱域中的能量分布情
况。由于像感器对斜入射光线不敏感，实际视场角被限制在小范围内，也就
是波带片投影的位移远小于波带片的直径，此时像感器的各个像素接收到
的光强仅来自波带片投影对应的局部小区域的叠加，因此编码图像整体上
呈现与波带片类似的频率分布，其特点为图像中心低频成分居多，图像边缘
高频成分居多。矩形采样只对图像中心部分进行采样，会导致重建图像的

高频信息缺失而变得模糊不清。另外随着衍射距离的增大,菲涅耳衍射图像逐渐向夫琅禾费衍射图像转变,而夫琅禾费衍射图像和原始图像的频谱分布具有相同的形式[15],因此菲涅耳衍射图像处于空域图像向频谱图像转化的中间状态,与原始图像的频谱能量分布具有一定相似性。由于大多数自然图像的频谱能量都集中在低频,所以应该在靠近中心的地方进行更密集的采样,以匹配能量分布。本书采用如图 4.9(a)所示辐射线采样图案,可以保证中心和边缘的图像信息都能被采集到,并且在图像中心处得到更多的采样数据。在实际测量中,这种采样方式可通过线阵相机来实现。类

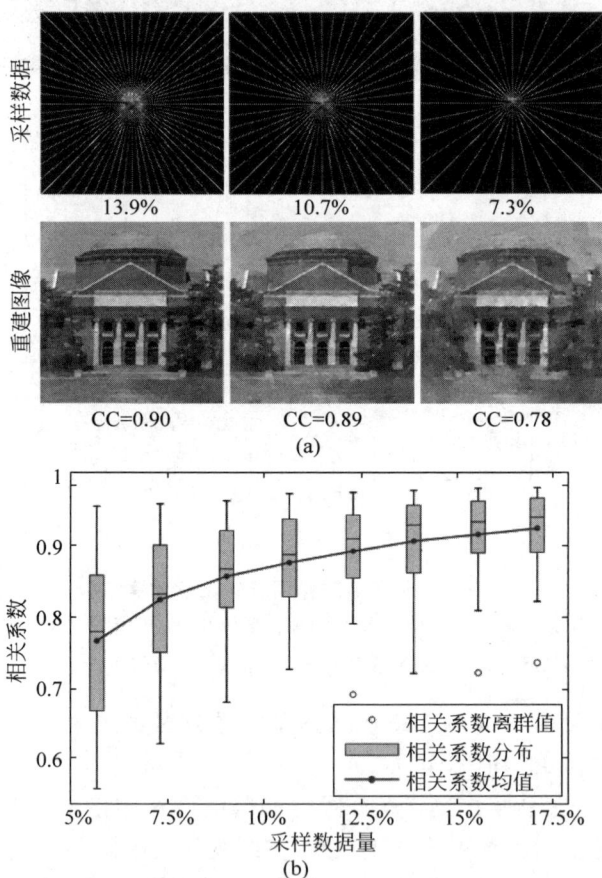

图 4.9　基于辐射线采样区域的压缩重建结果

(a) 采样辐射线数量分别为 64、48、32 的采样区域及对应的重建结果；(b) CSIQ 数据库[164]中 30 幅图像在不同采样数据量下重建图像的相关系数分布

似的采样方案已应用于相位恢复[142]、计算机断层扫描[165]、核磁共振成像[166]等领域。相对矩形采样而言，辐射线采样能够以更少的采样数据量重建出高质量的图像。如图 4.9(a)所示，辐射线采样仅用 10.7% 的采样数据重建出的图像与矩形采样使用 56.3% 的采样数据重建出的图像有着近乎相同的重建质量，重建图像相关系数均为 0.89。从图 4.9(b)中也可看出，基于辐射线采样的图像重建质量随着采样数据量的减少下降缓慢，即使在采样数据量仅为 5.7% 的极端情况下，重建图像相关系数均值仍有 0.77。

4.4.2　实验重建结果

实验装置和参数与 3.4 节相同，菲涅耳波带片放置在距离像感器 3 mm 处，目标图像为一含有"HOLOLAB"字样的矩形标志，其显示在屏幕中的尺寸为 130 mm×140 mm。显示屏被放置在距离菲涅耳波带片约 30 cm 的地方。实验所采用相机型号为 QHY163M，像素间隔为 3.75 μm。取其中心 2048×2048 像素作为采集到的图像。分别使用图 4.10(a)中第一行采样模式对测量数据进行重建，对应的重建结果如图 4.10(a)中第二行所

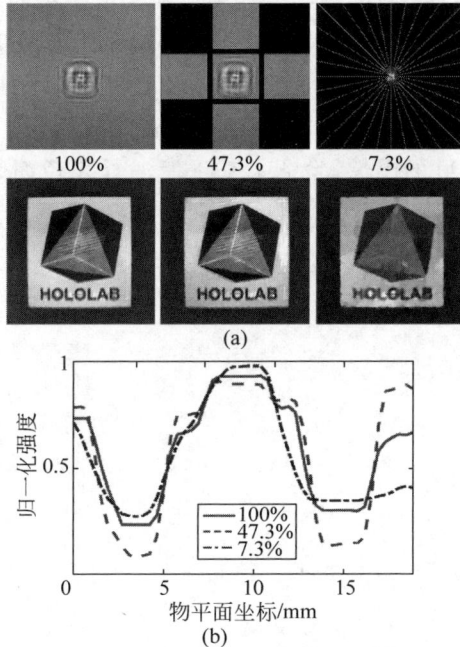

(a)

(b)

图 4.10　真实测量图像的压缩重建结果

(a) 三种不同的采样模式及其对应的图像重建结果；(b) 重建图像中字母"O"的横截面强度分布

示,所展示的图像为重建图像中心 500×500 像素部分。结果表明,在采集数据量仅为 7.3% 的情况下,该方法仍能有效识别出字母。通过图 4.10(b)字母"O"的横截面强度可以看出,在三种不同采样模式下,图像对比度并未见明显下降,验证了该方法具有良好的图像边缘保持特性。矩形采样模式可由多块小尺寸面阵像感器拼接实现,辐射线采样模式可由多个线阵传感器拼接实现,验证了基于菲涅耳孔径编码成像构建多像感器架构的可行性。

4.5　本章小结

本章提出了一种用于菲涅耳孔径编码成像的压缩采样方法,构建了从不完全测量中恢复原始图像的压缩重建模型。比较了菲涅耳孔径编码的测量矩阵和随机高斯测量矩阵对信号的恢复能力,验证了一维情况下波带片常数小于 0.5 mm 时,其重构性能与高斯测量矩阵几乎一致。分析了菲涅耳孔径编码压缩采样模型的不相关特性,分析了物理模型中的线性卷积和数值重建中的循环卷积之间的误差,给出线性卷积与循环卷积的等效关系: $P \times P$ 线性卷积是 $2P \times 2P$ 循环卷积中心 $P \times P$ 部分的不完备测量。提出并推导了基于 ADMM 的压缩重建方法,对不同采样数据量下的矩形采样模式和辐射线采样模式进行了定量分析,验证了辐射线采样模式相比矩形采样模式具有更高的图像采样效率。实验表明,仅通过 7.3% 的测量数据就可以获得质量良好的图像,验证了基于菲涅耳孔径编码成像构建多像感器架构的可行性。

第 5 章　基于深度学习的菲涅耳孔径编码成像

5.1　本　章　引　言

深度学习技术与光学成像方法的结合能有效地提高成像速度与质量,在数字全息重建[118-119,167]、三维粒子场成像[168]、相位恢复[117,169-171]、透过散射介质成像[172-173]等领域已有诸多成功应用。近年来,深度学习技术也逐步应用于无透镜成像领域。Monakhova 等将 ADMM 迭代步骤进行展开,并与神经网络相结合,提出 Le-ADMM 网络来解决基于编码掩模的无透镜成像问题[76]。Horisaki 等提出了一种编码掩模和图像重建联合优化的无透镜成像方法[80],该方法将掩模版作为可学习参数集成到神经网络中,在成像模型和重建算法两个维度上提升了成像质量。Salman 等针对迭代优化重建算法中图像信噪比偏低的问题,在迭代优化重建图像的基础上,进一步采用神经网络提高图像质量,称为"FlatNet"[77]。上述深度学习方法在图像重建质量和速度方面相较于迭代优化算法有了较大的提升,但未完全摆脱迭代优化算法的优化框架,需要在迭代优化框架内添加可学习参数,其重建性能仍受迭代优化算法影响。因此,本章通过对编码掩模成像系统的误差进行分析,实现了编码掩模成像系统的精确建模,利用该模型生成接近真实成像结果的数据集,构建了深度神经网络,实现了端到端的高质量图像重建。

5.2　模型误差分析

尽管深度学习技术有诸多优势,但获取大量特定应用场景的数据用于模型训练并非易事,而数据集的优劣直接影响深度学习的性能,质量高或者相关性强的数据集对模型的训练是非常有帮助的。数据集的获取可以通过实验采集或模拟生成。通过实验获取训练数据[76-77,174]可以将真实系统中存在的所有非理想特性纳入数据中,从而使该模型适用于真实场景。但数据集采集过程对实验的光照环境和平台的稳定性等要求较为严苛。而模拟生成训练数据的方式则能够保证数据集一致性,并且可以根据需要对数据集的生成进行不同程度的建模以逼近真实物理模型,相较于实验采集更为灵活高效。本节将通过对菲涅耳孔径编码成像模型进行误差分析,找出制约成像分辨率的因素;并将衍射效应、像感器光谱响应特性考虑在内,对基于几何光学的成像模型进行修正,提出更接近真实测量结果的成像模型;最后将该模型应用于训练数据集的生成。

5.2.1 掩模版加工误差

在 3.2 节中提到由于制造工艺上存在困难,通常采用具有二值透过率的菲涅耳波带片代替伽博波带片实现编码成像的功能。伽博波带片只有一对共轭焦点 $f = \pm r_1^2/\lambda$,而菲涅耳波带片则有无数个焦点。菲涅耳波带片的多焦点性质可以用傅里叶展开式证明。首先考虑一个占空比为 50%、周期为 L 的一维偶方波函数,其在一个周期 $[-L/2, L/2]$ 内的定义为

$$T(x) = \begin{cases} 1, & |x| \leqslant \dfrac{L}{4} \\ 0, & |x| > \dfrac{L}{4} \end{cases}, \quad -\frac{L}{2} \leqslant t \leqslant \frac{L}{2} \qquad (5\text{-}1)$$

该函数为偶函数,它的傅里叶展开式中仅包含余弦项:

$$T(x) = \frac{a_0}{2} + \sum_{n=1}^{\infty} a_n \cos\left(\frac{2\pi n x}{L}\right) \qquad (5\text{-}2)$$

其中傅里叶系数具有如下形式:

$$a_n = \begin{cases} \dfrac{2}{L} \displaystyle\int_{-\frac{L}{2}}^{\frac{L}{2}} T(x)\,\mathrm{d}x, & n = 0 \\ \dfrac{2}{L} \displaystyle\int_{-\frac{L}{2}}^{\frac{L}{2}} T(x) \cdot \cos\left(\dfrac{2\pi n x}{L}\right)\mathrm{d}x, & n = 1,2,3,\cdots \end{cases} \qquad (5\text{-}3)$$

将式(5-1)代入式(5-2),可以求得傅里叶系数为

$$\begin{cases} a_0 = 1 \\ a_n = \dfrac{2}{n\pi}\sin\left(\dfrac{n\pi}{2}\right), & n = 1,2,3,\cdots \end{cases} \qquad (5\text{-}4)$$

因此,偶方波函数的傅里叶展开式为

$$T(x) = \frac{1}{2} + \frac{2}{\pi} \sum_{n=1}^{\infty} \frac{1}{n} \sin\left(\frac{n\pi}{2}\right) \cos\left(\frac{2\pi n x}{L}\right)$$

$$= \frac{1}{2} + \frac{2}{\pi}\cos(\omega x) - \frac{2}{3\pi}\cos(3\omega x) +$$

$$\frac{2}{5\pi}\cos(5\omega x) - \frac{2}{7\pi}\cos(7\omega x) + \cdots \tag{5-5}$$

其中 $\omega = 2\pi/L$。如果令 $L = 2r_1^2$，$x = r^2$（其中 r 为极坐标下的半径坐标），那么 $T(x)$ 则变为菲涅耳波带片的透过率函数，其傅里叶展开式为

$$T(r) = \frac{1}{2} + \frac{2}{\pi} \sum_{n=1}^{\infty} \frac{1}{n} \sin\left(\frac{n\pi}{2}\right) \cos\left(\frac{\pi n r^2}{r_1^2}\right) \tag{5-6}$$

式(5-6)表明二值化的菲涅耳波带片透过率函数可分解为一系列不同焦距的伽博波带片的线性叠加。每个伽博波带片的焦距为 $f = \pm r_1^2/n\lambda$，$n = 1$，$3,5,\cdots$，其对应着菲涅耳波带片的主焦距和次焦距。正是由于高阶焦距的存在，高阶焦点处的图像在一阶焦平面上产生了一系列离焦图像，使图像质量下降。图 5.1 展示了分别取菲涅耳波带片傅里叶级数的前 1、3、7 和 30 项的图案及其对应的径向透过率分布。随着傅里叶级数项的增加，相邻环带之间的边缘变得越来越锐利。

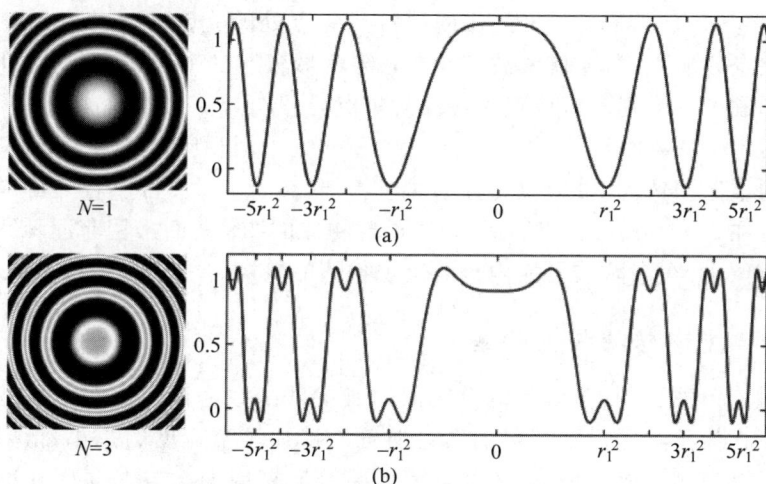

图 5.1　菲涅耳波带片的近似图案及其对应的径向透过率分布（菲涅耳波带片的
近似图案是分别取其傅里叶级数的前 N 项叠加而成）

(a) $N=1$；(b) $N=3$；(c) $N=7$；(d) $N=30$

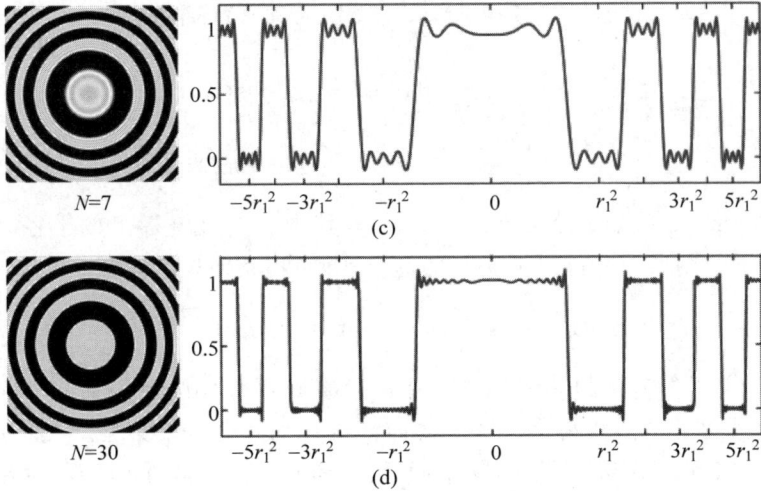

$N=7$

(c)

$N=30$

(d)

图 5.1（续）

为进一步验证高阶焦点对成像质量的影响,模拟了 532 nm 入射光下伽博波带片和菲涅耳波带片在 $z=0\sim120$ mm 的轴向强度分布和传播截面,其结果如图 5.2 所示。图中两个波带片的尺寸均为 2.56 mm×2.56 mm,一阶焦距为 $f=100$ mm。虽然伽博波带片焦点处的光强小于菲涅耳波带片一阶焦点处的光强,但伽博波带片在透射区域仅有一个焦点,而菲涅耳波带片则形成了一系列高阶焦点。各高阶焦点位置与计算结果相吻合。图 5.2上方展示了 $z=100$ mm、33.3 mm、20 mm 处采用相应掩模版编码"THU"字母的重建图像,其轴向位置分别对应着 f、$f/3$、$f/5$。可以看到伽博波带片只有在 $z=100$ mm(即焦距)处能再现物体的图像;而采用菲涅耳波带片编码成像中,在高阶焦平面内也会出现物体的轮廓。

5.2.2 光学传播模型误差

对于单波长而言,编码掩模成像的点扩散函数为掩模版在单色点光源照明下在像感器平面的衍射图案。随着波带片环带宽度的减小,衍射效应也变得越来越显著。图 5.3(a)展示了原始掩模版图案与掩模版在准直后LED 白光照射下的投影图案的对比;二者沿径向的强度分布如图 5.3(b)所示。

可以看到掩模版投影图案在明暗交接处出现明显的振铃现象,而且随着环带间距的缩小,图案对比度也逐渐减小。波带片半径在 500 个像素左

(a)

(b)

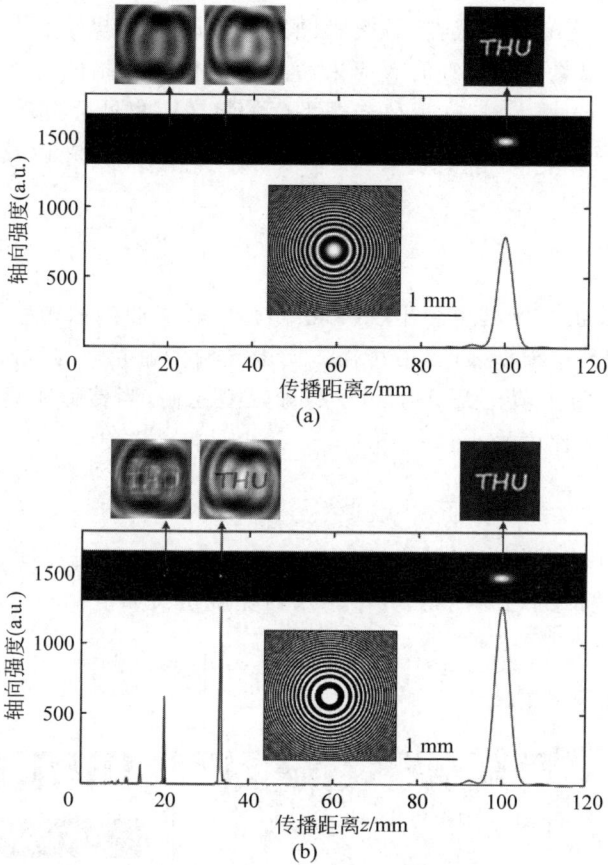

图 5.2　两种波带片的焦点特性

（a）伽博波带片和（b）菲涅耳波带片在平行光照明下的轴向光强分布和传输截面

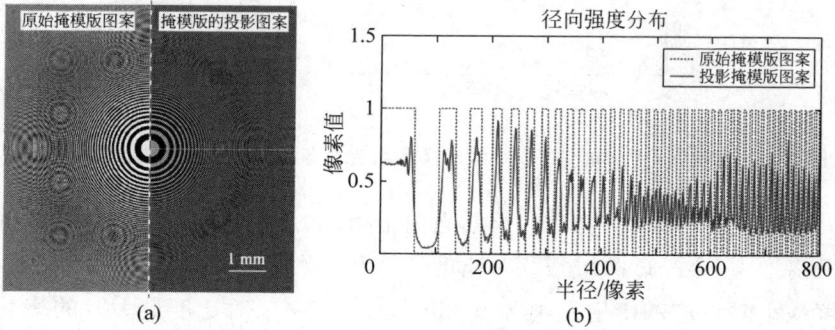

图 5.3　理想掩模版图案与实际掩模版图案的差异

（a）原始掩模版图案与实际掩模版投影图案的比较；（b）原始掩模版图案与实际掩模版
投影图案沿径向的强度分布

右时图案对比度降至最低,随后投影图案的明暗变化与原始图案相比发生了反转,这个现象可以用泰伯效应来解释。泰伯效应指的是当平面波入射到周期性衍射光栅上时,在远离光栅平面的特定距离处会再现光栅的图像。这个特定的距离称为"泰伯长度"z_t,其值和入射光波长 λ 以及光栅周期 p 有关:

$$z_t = \frac{2p^2}{\lambda} \tag{5-7}$$

而在泰伯长度的一半处也会出现再现像,但相较于原图像相移了半个周期。此外,仿真和理论模型表明,沿传播方向上光栅衍射光强的对比度呈现周期性变化[175]。对于填充因子为 50% 的振幅型光栅,当传播距离在如下位置时,衍射光强对比度最小,即

$$z^{(\min)} = \frac{2l-1}{4}z_t = (2l-1)\frac{p^2}{2\lambda}, \quad l = 0,1,2,\cdots \tag{5-8}$$

图 5.4 给出了常数周期光栅在不同衍射距离下的条纹对比度,以及在条纹对比度为极值时的衍射图案,其中条纹对比度定义如下:

$$\mathrm{Contrast} = \left| \frac{I_{\max} - I_{\min}}{I_{\max} + I_{\min}} \right| \times 100\% \tag{5-9}$$

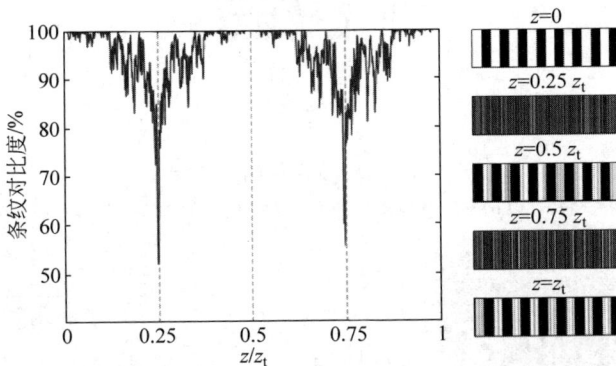

图 5.4　填充因子为 50% 的振幅型光栅衍射光强条纹对比度随传播距离的变化

从图 5.4 可以看出,常数周期光栅衍射距离在一个泰伯长度内,随着衍射距离增大,会经过两次条纹对比度最小和一次条纹对比度最大的位置,对比度最小时对应的衍射距离为 $0.25z_t$ 和 $0.75z_t$;对比度最大时的衍射距离为 $0.5z_t$,而且此时衍射图案与光栅的透过率图像相比相移了半个周期,条纹明暗区域发生反转,与前述理论相符合。对于菲涅耳孔径编码成像而

言,菲涅耳波带片可以看作一个沿径向周期变化的特殊振幅型光栅,其光栅周期随半径 r 增大而缩小。由于式(5-8)仅适用于周期恒定的光栅,无法直接用于菲涅耳波带片衍射条纹对比度的计算,但在菲涅耳波带片的局部小区域内,可认为其光栅周期恒定,在衍射条纹对比度的变化上应该具有类似的性质。在菲涅耳空间编码成像中,掩模版到像感器间的距离恒定,意味着衍射距离恒定,衍射条纹的对比度则会沿着径向下降再上升,并且条纹明暗区域反转。条纹明暗区域的反转意味着菲涅耳波带片的有效面积受到衍射效应的限制,无法通过不断缩小波带片环带间距而无限制地提升成像分辨率。

5.3　基于深度学习的编码掩模成像

5.3.1　训练集图像的生成

为了减小理论模型和实际模型的误差,本书采用衍射计算的方式代替几何光学模型来获得接近真实成像系统的点扩散函数。点扩散函数的计算流程如图 5.5 所示,点光源发出球面波照射到掩模版上,受到掩模版调制的光波继续传播到达像感器平面,形成点扩散函数的图案。

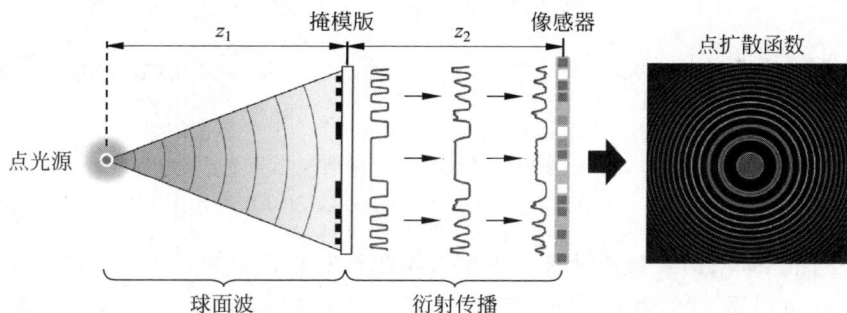

图 5.5　编码掩模成像系统点扩散函数的计算

对于单色波照明下编码掩模成像的点扩散函数,可以通过角谱法来计算得到:

$$U(x,y;\lambda) = | \mathcal{F}^{-1}\{\mathcal{F}\{\widetilde{T}(x,y)\} \cdot H(\xi,\eta;\lambda,z_2)\} |^2 \quad (5\text{-}10)$$

其中 ξ,η 为频域坐标; $\widetilde{T}(x,y)$ 为球面波受掩模版调制的光场函数:

$$\widetilde{T}(x,y) = T(x,y) \cdot \exp\left(\mathrm{i}\,\frac{2\pi}{\lambda}\sqrt{x^2 + y^2 + z_1^2}\right) \quad (5\text{-}11)$$

$H(\xi,\eta;\lambda,z_2)$ 是角谱传递函数,其定义为

$$H(\xi,\eta;\lambda,z_2)=\exp\left[\mathrm{i}\frac{2\pi}{\lambda}z_2\sqrt{1-(\lambda\xi)^2-(\lambda\eta)^2}\right] \tag{5-12}$$

其中$(\xi^2+\eta^2)<1/\lambda^2$。在宽带光照明模式下,根据多色光中各单色成分的非相干叠加原理,可以通过求掩模版衍射强度关于波长的积分来计算点扩散函数。由于像感器对不同波长的光有不同的灵敏度,而且照明光源的光谱分布对点扩散函数也会有影响,因此此积分应按光源光谱分布 $S(\lambda)$ 和像感器光谱响应函数 $Q_c(\lambda)$ 对波长进行加权:

$$I_c(x,y)=\int Q_c(\lambda)S(\lambda)U(x,y;\lambda)\mathrm{d}\lambda \tag{5-13}$$

根据实验所采用的光源和像感器型号,利用式(5-13)即可通过数值计算获得与实验采集最为接近的点扩散函数。图 5.6 展示了实验中采用的松下 MN34230PL 像感器的光谱响应曲线和 LG 24MP55 显示屏背光源的光谱分布曲线。

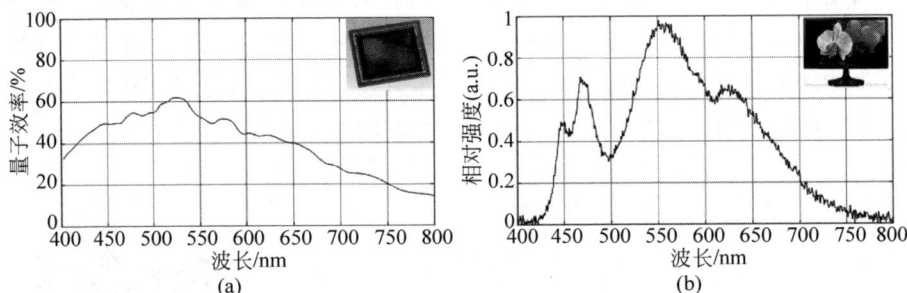

图 5.6　实验中采用器件的光谱响应曲线和光谱分布曲线
(a) 松下 MN34230PL 光谱响应曲线;(b) LG 24MP55 背光光谱分布曲线

　　图 5.7 给出了数值计算的点扩散函数与实验采集的点扩散函数之间的比较,可以看到二者吻合程度较高,数值计算的点扩散函数相对误差小于 5%。

　　对于 RGB 彩色像感器,每个通道都有自己的光谱响应度,需要针对每个通道单独计算点扩散函数。一般来说场景的光谱分布通常是未知的,但由于像感器的光谱响应函数在很大程度上决定了光谱响应曲线的包络,因此在场景光源未知的情况下,可以假定场景具有均匀的光谱分布。

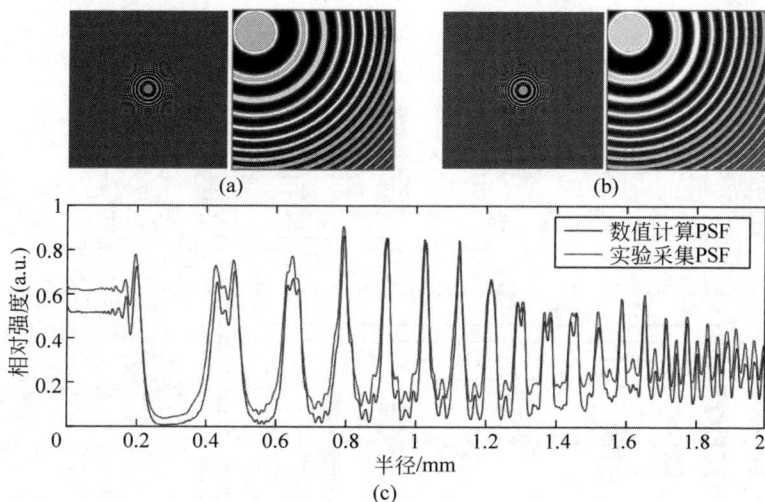

图 5.7　数值计算与实验采集的点扩散函数比较(前附彩图)
(a) 数值计算的点扩散函数图像；(b) 实验采集的点扩散函数图像；
(c) 点扩散函数沿径向的强度分布比较

5.3.2　神经网络设计与训练

在本实验中设计了一个基于 U 型网络(U-Net)[113]和深度反投影网络(DBPN,deep back-projection network)[176]的深度神经网络用于图像重建。其网络结构如图 5.8 所示。网络输入图像均归一化到[0,1]范围内,输入图像的尺寸是输出图像的两倍,这是由于编码掩模成像本质是原始图像与点扩散函数的卷积,根据卷积的展宽效应,卷积后的编码图像的宽度等于点扩散函数和原始图像宽度之和。因此输入图像尺寸大于输出图像有利于将超出原始图像尺寸以外的信息收集到网络中,提高重建图像质量。网络的第一部分为 U-Net,其特点是通过若干个下采样模块获得图像在不同分辨率尺度下的特征,随后通过一系列上采样模块对提取的特征进行解码,最终得到原始分辨率图像。相同分辨率的下采样和上采样模块之间用跳跃连接相连,跳跃连接可以解决网络层数较深时梯度消失的问题,同时有助于梯度的反向传播,加快训练过程。在本实验中,U-Net 的第一个下采样模块以及跳跃连接中的卷积层均采用膨胀卷积。膨胀卷积能够增加卷积操作的作用范围,获取更为全局的图像特征,这与编码图像被点扩散函数所展宽的规律相符合。

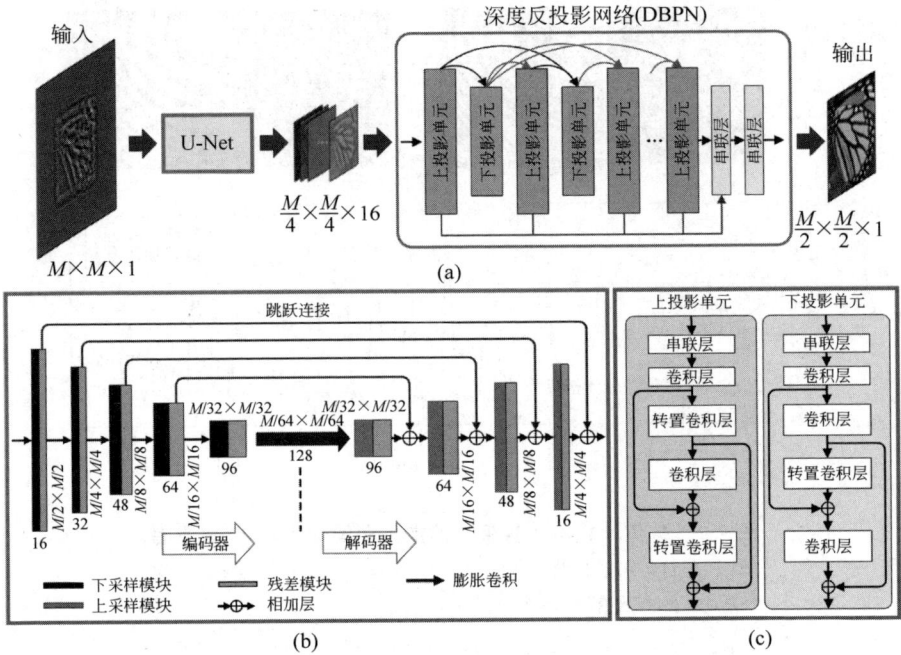

图 5.8   图像重建深度神经网络结构（前附彩图）
（a）神经网络整体结构；（b）U-Net 网络结构；（c）上投影单元和下投影单元

　　虽然 U-Net 具备不同分辨率尺度特征的提取能力，但在原始分辨率尺度下对图像细节的恢复能力略显不足。为了进一步提高成像质量，采用单帧图像超分辨中 DBPN 网络结构代替 U-Net 中最后一个上采样模块。DBPN 利用了上下采样层的迭代，提供了一种误差反馈机制，实现了特征的自校正，从而有效地提高了输出图像的分辨率。DBPN 由若干个上投影和下投影单元交替连接而成。在上投影单元中，对输入的低分辨率图像先进行转置卷积得到高分辨率特征图，再经过卷积层得到低分辨率特征图，然后与输入低分辨率图像相减得到残差图，将残差图转置卷积后与初始的高分辨率特征图相加得到最终的高分辨率特征图。而下投影单元与上投影单元结构类似，只是上、下采样层正好相反，具体结构如图 5.8(c)所示。这些投影单元可以理解为对特征的自校正，将投影误差传递给采样层，通过多步迭代实现误差的校正。另外，DBPN 还采用稠密连接的方式连接投影单元，鼓励特征重用，使其产生更好的特征。

5.3.3　损失函数

损失函数的选择对于任何学习任务都是至关重要的。MAE 和 MSE 是图像对图像的回归学习任务中常用的损失函数,因为二者都是基于像素的评价函数,对于纯图像领域的应用具有良好的性能(如图像超分辨、图像补全、图像上色等)。但在编码掩模成像的图像重建中,重要的是像素之间的相对值,像素的绝对值是次要的。在本实验中选择了负皮尔逊相关系数(NPCC,negative Pearson correlation coefficient)作为损失函数,其定义为

$$\mathcal{L}_{\mathrm{NPCC}}(X,Y)=(-1)\times\frac{\sum\limits_{p}(X_p-\overline{X})(Y_p-\overline{Y})}{\sqrt{\sum\limits_{p}(X_p-\overline{X})^2\sum\limits_{p}(Y_p-\overline{Y})^2}} \tag{5-14}$$

其中 X 和 Y 分别为重建图像和真值图像;下标 p 表示图像的像素索引;$\overline{X}$ 和 $\overline{Y}$ 表示重建图像和真值图像的像素平均值。

由定义式(5-14)可知,对于任意图像 ψ 和任意实常数 a 和 b,NPCC 函数有如下性质:

$$\mathcal{L}_{\mathrm{NPCC}}(\psi,a\psi+b)=-1 \tag{5-15}$$

这意味着以 NPCC 作为损失函数训练的 DNN 可以产生无数多个线性变换的解,而并没有严格要求生成的图像与真值图像完全相同,解数量的增多使得网络更加容易收敛到离当前参数最接近的解,这将大大提高网络训练的效率。

5.4　实　验　结　果

5.4.1　图像重建结果

网络训练和测试平台所采用的 GPU 为 NVIDIA Quadro GV100,显存容量 32 GB。该网络使用 DIV2K[177] 作为图像真值进行训练。初始学习率为 0.001,每两个 epoch 后学习率指数衰减,衰减因子为 0.8,一共进行了 20 个 epoch 的训练。书中针对模拟生成的编码图像和实验采集的编码图像分别训练了两个神经网络。在数值模拟中,所采用的真值图像大小为 512×512 像素,采用的掩模版大小为 1024×1024 像素,编码图像为 1024×1024 像素。采用 CSIQ 数据库[164] 中 30 幅图像对网络进行测试,平均相关系数可达 0.964。其中部分图像的重建结果如图 5.9 所示,对应的相关系数标注在重建图像下方。

编码图像

真值图像

DNN重建图像

CC=0.985　　　　CC=0.970　　　　CC=0.967　　　　CC=0.979

图 5.9　数值模型重建结果

针对实验采集图像的重建,则采用 1024×1024 像素的真值图像与 5.3.1 节计算的点扩散函数进行卷积,生成相应的 2048×2048 像素的编码图像输入网络中训练。

网络训练完成后,分别对实验中采集的二值图像、灰度图像和彩色图像进行测试,重建结果如图 5.10 所示。为了与传统优化算法进行比较,采用 ADMM 算法迭代 50 次的重建结果作为对比。图 5.10(b)的第一行是采用几何光学模型的 ADMM 重建结果,第二行是采用衍射光学模型的 ADMM 重建结果。显然,基于几何光学模型的重建图像较为模糊,并且出现较多伪影;而基于衍射光学模型的图像质量则得到明显改善。第三行重建结果采用的是本书提出的 U-Net＋DBPN 方法,与 ADMM 方法的重建图像质量几乎相同。但在 GPU 加速的情况下,DNN 的平均计算时间为 0.6 s,而 ADMM 迭代 50 次所需的时间为 50 s,计算速度快了近两个数量级。

5.4.2　噪声稳健性分析

为了测试 DNN 方法对噪声的稳健性,对测试集中的图片施加不同标准差的高斯噪声以分析重建图像的质量。测试集图像来自 CSIQ 图像质量数据库[164]。同时给出相应的 ADMM 算法结果作为参照,针对不同的噪声

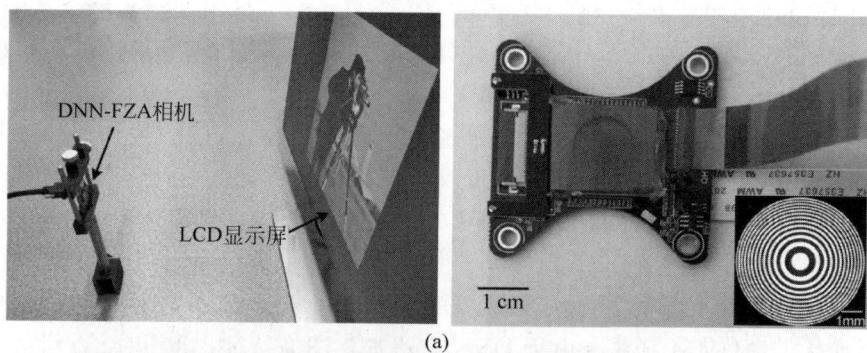

(a)

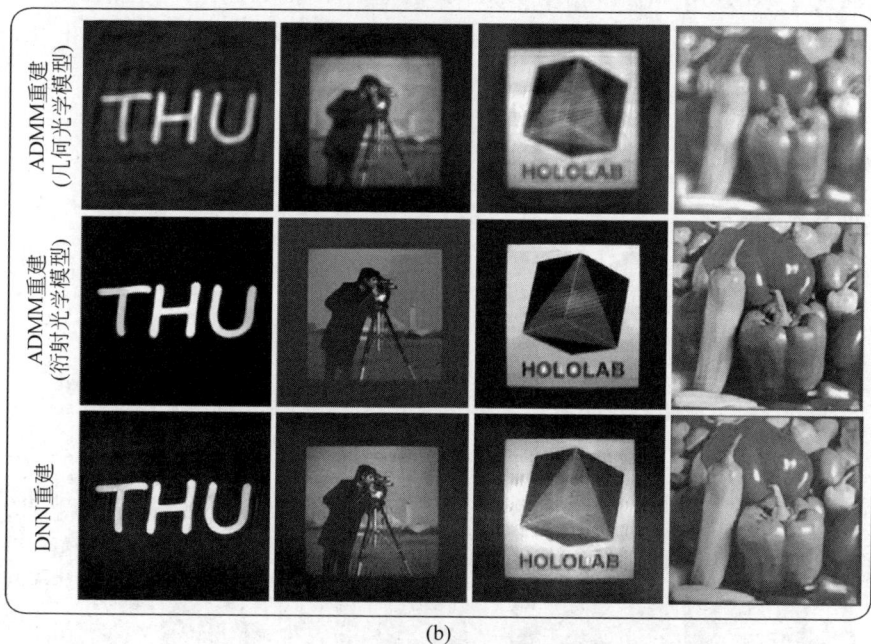

(b)

图 5.10　实验装置和重建结果（前附彩图）

（a）实验所用到的像感器和掩模版；（b）不同方法的重建结果

水平，将 ADMM 的参数调整到最优。采用 PSNR 和结构相似度（SSIM，
structural similarity index measure）分别从数值和视觉层面评价重建图像质
量。SSIM 的定义为

$$SSIM = \frac{(2\mu_X\mu_Y + C_1)(2\sigma_{XY} + C_2)}{(\mu_X^2 + \mu_Y^2 + C_1)(\sigma_X^2 + \sigma_Y^2 + C_2)} \tag{5-16}$$

其中 μ_X 和 μ_Y 是两个图像的均值；σ_X 和 σ_Y 是两个图像的方差；σ_{XY} 是两

个图像的协方差；$C_1=(k_1\times L)^2$ 和 $C_2=(k_2\times L)^2$ 是正则化参数，L 为像数值范围，$k_1=0.01,k_2=0.03$。在计算上述评价指标之前，重建图像均归一化到 $[0,1]$ 范围内。

测试结果如图 5.11 所示，其中图 5.11(a) 和图 5.11(b) 分别展示了重建图像 PSNR 和 SSIM 在不同程度噪声下的分布情况，中心标记点为均值，误差条表示评价指标的标准差。图 5.11(c) 展示了一组重建实例，相应的评价指标标在图像左上角。可以看到随着噪声程度增大，ADMM 算法的重建图像质量下降明显更快，而且 DNN 方法的 PSNR 值在所有噪声程度下均优于 ADMM 算法。由于 DNN 方法基于图像特征提取和组合，可以很大程度上滤掉不属于图像特征的噪声，这使得 DNN 方法对噪声具有天然的稳健性。

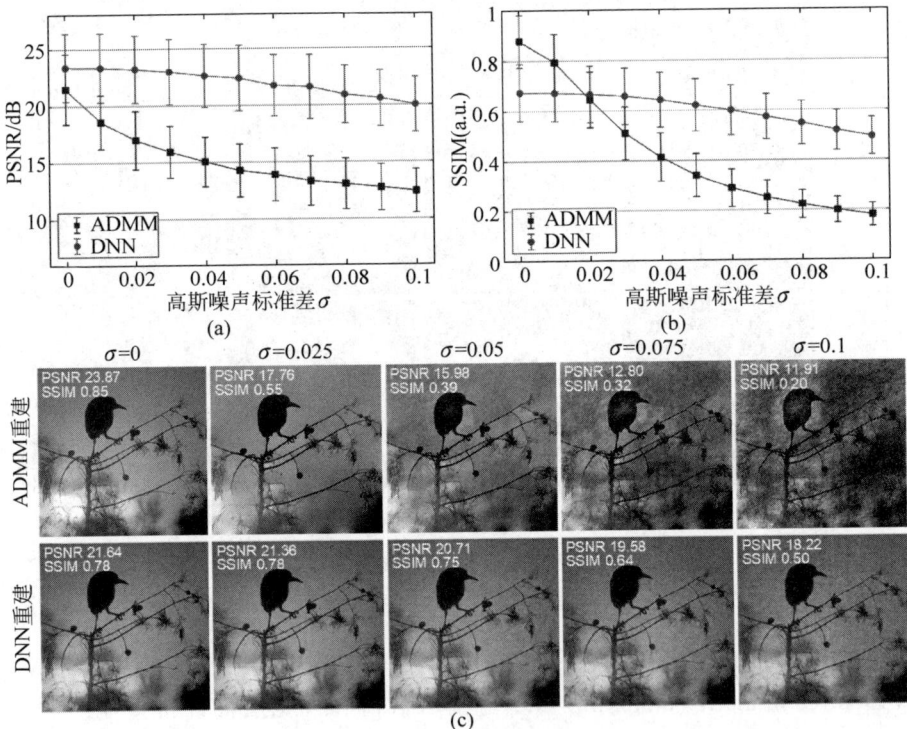

图 5.11　噪声稳健性测试（前附彩图）

(a) 不同程度高斯噪声下重建图像的 PSNR；(b) 不同程度高斯噪声下重建图像的 SSIM；
(c) 噪声标准差分别为 $\sigma=0$、$\sigma=0.025$、$\sigma=0.05$、$\sigma=0.075$、$\sigma=0.1$ 时的一组重建实例

5.5　本 章 小 结

　　本章提出了一种基于深度学习的菲涅耳孔径编码成像方法,实现了快速高质量图像重建。分析了菲涅耳孔径编码成像模型中的主要误差来源,验证了菲涅耳波带片的多焦点特性以及衍射效应导致的波带片对比度反转对成像分辨率的制约作用。建立了更为精确的宽带衍射模型代替几何光学模型对成像系统点扩散函数进行计算,与真实点扩散函数间的计算误差小于 5%,实验验证了该模型对衍射效应引起的噪声具有较强抑制能力。设计了一种 U-Net 和 DBPN 相串联的图像重建神经网络结构,该结构能提高网络恢复精细图像细节的性能,计算速度相较于迭代优化算法提高了两个数量级,验证了 DNN 方法抗噪声能力优于迭代优化算法,为无透镜相机的实用化奠定了基础。

第6章 基于深度学习的无透镜光纤内窥镜成像

6.1 本章引言

光纤传像束是一种可任意弯曲并传输图像的无源器件。因为其灵活性高、体积轻巧,可以很方便地对传统仪器难以到达的位置进行成像,在医疗和工业领域中具有很高的应用价值。例如在医疗领域,由光纤传像束制成的光纤内窥镜能够以微创的方式进入人体,用来观察人体内部组织器官;而且光纤内窥镜可将多种光学成像技术扩展到临床环境(如光学相干层析技术[178-179]、荧光共聚焦成像技术[180-181]、光场成像技术[182]、全息成像技术[183-184]等),丰富了医学观测手段,其已成为一种常用的医学诊断治疗工具。

光纤传像束主要由成千上万根导光的纤芯和填充在纤芯周围的包层所组成,其传像特性由每根光纤纤芯的结构决定,光纤束内每根纤芯相当于一个像元,当输入端和输出端的纤芯几何位置排列完全一致时,输入端的图像被纤芯采样后传输到输出端仍能保证图像不发生形变,此时每个芯径可看作一个采样孔,像元的大小为采样孔的大小,像元的数目等于端面上纤芯的数目。然而纤芯数目往往远小于现有像感器的像素个数,而且输出端的图像呈现出蜂窝状伪像,干扰了病理组织的识别,增加了诊断的难度。另外通常需要在光纤束末端放置成像透镜,将画面投影到光纤端面,这样增加了光纤末端直径,不利于内窥镜进入一些狭窄腔体。因此如何采用无透镜成像的方式消除蜂窝状伪像,提高光纤束成像分辨率是亟须解决的问题。

本章通过对光纤束成像原理和特性进行分析,得到无透镜光纤束的成像模型。根据该成像模型提出基于压缩感知的光纤束图像去像素化方法,利用该方法分析了物体到光纤端面距离对成像质量的影响,给出了最优工作距离与纤芯间距的关系。在最优工作距离下采集数据集并训练神经网络,实现单帧光纤束图像的快速高分辨成像。最后将基于深度学习的光纤束分辨率增强方法应用于肿瘤图像识别中,构建了快速高效的人工智能辅助无透镜内窥镜诊断方案。

6.2　光纤束的成像特性

光纤内窥镜的关键核心部件是光纤传像束。由于纤芯和包层折射率的不同,以合适入射角入射进光纤端面的光线将会在纤芯内以全内反射的形式向前行进,直至从光纤另一端以相同角度出射。图 6.1 给出了阶跃型光纤的内部结构。阶跃光纤的折射率在纤芯内为 n_1 保持不变,到包层中折射率则跳变到 n_2。为了防止进入纤芯内光线逸出至包层,根据斯涅尔定律,在纤芯内实现全内反射的临界角 θ_c 应满足:

$$\theta_c = \arcsin \frac{n_2}{n_1} \tag{6-1}$$

若想要光线从自由空间(即 $n_0 = 1$)耦合进光纤,那么在光纤端面再次应用斯涅尔定律,可得:

$$\sin\gamma_c = n_1 \sin(1 - \theta_c) = \sqrt{n_1^2 - n_2^2} = \text{NA} \tag{6-2}$$

由于 $\sin\gamma_c$ 与显微物镜等其他光学系统中的数值孔径(NA,numerical aperture)具有相同的形式,因此它也被定义为光纤的数值孔径。尽管入射角 $\gamma < \gamma_c$ 的光线在纤芯内能实现全反射,但只有固定数量的离散角度的入射光在纤芯内部产生相长干涉,形成驻波;其他入射角度的光线则会由于干涉相消而迅速衰减。可以在光纤中传播的具有一定离散角度的波称为光纤的"模式"。因此,引入一种无量纲的光纤参数——归一化频率,称为"V 参数",用来表征光纤中传播模式的数量[185]:

$$V = a \cdot \frac{2\pi}{\lambda_0} \cdot \sqrt{n_1^2 - n_2^2} = a \cdot k_0 \cdot \text{NA} \tag{6-3}$$

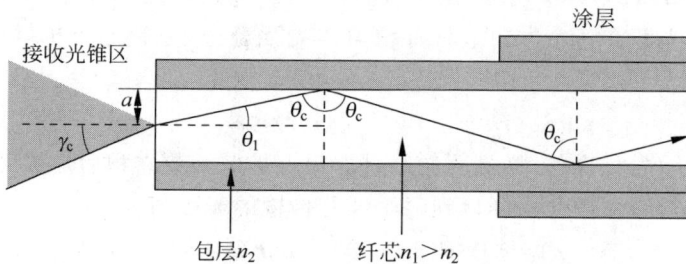

图 6.1　阶跃型光纤的结构

其中 k_0 为光在真空中的波数。光纤模式的数量可以由如下公式进行估算[185]:

$$N \approx \frac{V^2}{2} \tag{6-4}$$

若仅有一种模式可以在光纤中传播,该光纤则被称为"单模光纤",否则称为"多模光纤"。

　　内窥镜通常在光纤束输入端集成成像系统,将待测物体的图像投影到光纤端面。但成像透镜的存在增大了内窥镜的口径,不利于内窥镜的小型化;而采用无透镜成像的方式,内窥镜的口径几乎等同于光纤束的口径,能够实现微创成像。在无透镜成像模式下,每个纤芯接受来自临界角内的耦合入射光,将光强传输到输出端。为描述这一过程,可用物光与点扩散函数的卷积进行建模。通过后期算法重建,可以消除蜂窝伪像,提升分辨率。

　　假设待观测样品放置在距离光纤端面 z 处,点扩散函数主要由距离衰减项、光强分布函数和光纤端面耦合效率三部分组成。距离衰减项遵循平方反比定律,考虑到 $\theta > \theta_c$ 的光线无法被耦合进光纤,距离衰减项可表示为

$$I_{\text{dist}}(\boldsymbol{r};z) = \begin{cases} \dfrac{z^2}{z^2 + |\boldsymbol{r}|^2}, & \theta \leqslant \theta_c \\ 0, & \theta > \theta_c \end{cases} \tag{6-5}$$

其中 $\theta = \arctan(|\boldsymbol{r}|/z)$,$\boldsymbol{r}$ 表示垂直于光轴平面内的位置矢量。光纤端面耦合效率指的是光纤端面不同位置处的入射光具有不同的耦合权重,通常将其建模为沿径向呈高斯分布:

$$I_\sigma(\boldsymbol{r};\sigma) = \exp[-|\boldsymbol{r}|^2/2\sigma^2] \tag{6-6}$$

其中 σ 代表高斯分布的标准差,当高斯函数的半高全宽恰好等于纤芯直径时,有 $\sigma = d/(2\sqrt{2\ln 2})$。光强分布函数和光源特性有关,往往不容易获取,可以假定光源在各个方向上具有均匀的光强分布,完整的点扩散函数就可以表示为

$$\text{PSF}(\boldsymbol{r};z,\sigma) = I_\sigma(\boldsymbol{r};\sigma) * I_{\text{dist}}(\boldsymbol{r};z) \tag{6-7}$$

其中 $*$ 表示卷积操作,样品图像经过如上点扩散函数卷积后形成降质图像。各个纤芯对降质图像采样得到每个纤芯传输的光强值:

$$y_i(\boldsymbol{r}) = [\text{PSF}(\boldsymbol{r};z,\sigma) * x(\boldsymbol{r})] \cdot \delta(\boldsymbol{r} - \boldsymbol{r}_i) \tag{6-8}$$

其中 $\boldsymbol{r}_i$ 是第 i 个纤芯中心的位置矢量;x 为样品图像;y_i 表示第 i 个纤芯

传输的光强值。对于单模光纤,只有 LP_{01} 可以在纤芯内传播,因此所有的纤芯在输出端具有相同的光强包络。这些反映样品亮暗变化的光强按照光纤排布呈现在输出端面上,看上去就像蜂窝状排布的像素,因此也被称作"光纤束成像的像素化",如图 6.2 所示。LP_{01} 模通常用高斯场近似表示[186],输出端的图像可表示为

$$I_{\text{honeycomb}}(\boldsymbol{r}) = \frac{1}{2\pi\omega^2}\exp[-|\boldsymbol{r}|^2/2\omega^2] * \sum_{i}^{N} y_i(\boldsymbol{r}) \tag{6-9}$$

其中标准差 ω 是与光纤参数有关的等效模场半径。

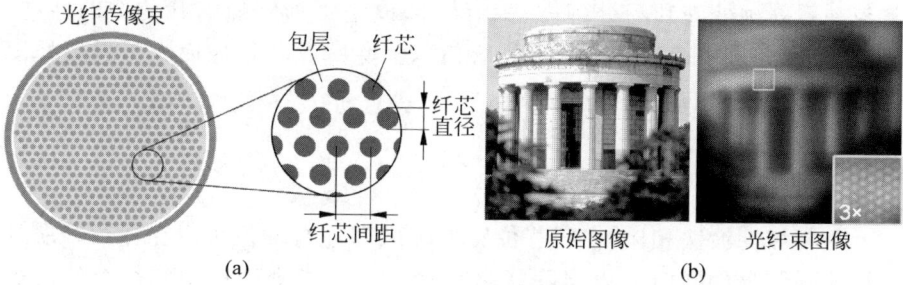

图 6.2　光纤传像束特性
(a) 光纤传像束结构;(b) 光纤束成像的像素化

6.3　光纤束图像的去像素化

早期的光纤束图像的去像素化技术主要采用频域滤波[187-195]和空域插值[196-197]的方法,这两类图像处理方法简单高效,能够快速消除蜂窝状伪像。但这两类方法本质上并未对光纤束成像分辨率有提升,甚至会损失一部分图像信息。近年来基于多帧图像的去像素化方法被相继提出[198-199],在去像素化的同时能提高成像分辨率。然而,像素化图像的配准误差往往会导致图像重建失败,复杂的位移装置也给实际应用带来了困难。本节先对频域滤波法、空域插值法和多帧融合法进行介绍,然后提出一种基于压缩感知的重建方法,结合图像先验信息,实现单帧光纤束图像的去像素化以及分辨率的提升。

6.3.1　频域滤波法

在早期内窥镜与显微技术结合的应用中,Göbel 等[187]、Dubaj 等[188]和 Oh 等[189]采用简单的均值滤波方法来实现光纤束图像去像素化;Han

等采用直方图均衡化和高斯滤波相结合的方式实现蜂窝状伪像的消除[190]，提高图像对比度。由于直方图均衡化会导致强度分布不再成正比，因此不适用于定量观测。由于光纤束纤芯排布各不相同（有些是规则的六边形排布，有些则是不规则排布），Winter 等针对不同的纤芯排布提出圆形和星型掩模滤波器，并根据图像频谱自适应计算出滤波掩模的形状参数[191-192]。然而这些方法本质上都属于低通滤波，在滤波的同时会将图像自身的高频成分也一并滤除，导致了重建图像较为模糊。Dickens 等通过手动调节的带阻滤波器来消除图像蜂窝状伪像[193-195]。带通滤波方法通常与一系列预处理和后处理方法相结合，以增强抑制蜂窝状伪像的性能。然而，要在频域中确定一个合适的阈值以消除蜂窝状伪像而不丢失原始图像信息具有较大的挑战性。

6.3.2　空域插值法

与频域滤波法相比，在纤芯位置坐标之间进行插值可以在保留纤芯处原始光强信息的同时有效消除蜂窝状伪像。为了准确地识别每个纤芯位置，需要事先采集一张均匀照明的校准图像，然后采用局部极大值法[200]或霍夫变换[201]提取纤芯位置。根据插值函数的平滑程度，可以分为如下几类插值方法：

（1）C^0 连续，包括最近邻插值，基于三角的和基于自然近邻的线性插值；

（2）C^1 连续，包括 Clough-Tocher 插值法和贝塞尔插值法；

（3）C^2 连续，包括径向基函数、B-样条近似、递归的高斯滤波器。

Zheng 等尝试使用非局部均值的旋转不变自适应滤波器来改进双线性插值的结果[196]，虽然高阶连续性能产生更平滑的图像，但相关的重建精度被证明仅略优于简单的 C^0 算法[197]。而且对于重建网格上的每个像素，在构成封闭三角形的三个纤芯的强度之间进行插值，泰森多边形对于所有的计算都可以在校准阶段只执行一次，用以生成在随后的图像重建任务中使用的查找表。因此线性插值方法能够以较低的计算复杂度产生精度尚可的重建结果，在一些需要实时成像的应用中更具吸引力。

6.3.3　多帧融合法

多帧融合法采用移动光纤束末端，并记录下多帧具有相对位移图像的方法实现对图像的亚像素采集。通过有效地对齐图像结构并融合一系列移位的帧,不仅能实现图像去像素化,还能从物理上提高成像分辨率。Vercauteren 等首次针对显微内窥镜的多帧融合方案展开研究[202],提出了一种由粗到细的分层搜索算法框架,迭代地细化全局一致性,同时能够补偿运动形变及非刚性变形。随后,大量文献针对位移模式[198]、纤芯位置排布[203]和融合方法[204]进行了研究和改进。

　　多帧融合方法在分辨率提升方面具有绝对优势,但在实际应用中往往面临着图像形变、运动模糊和帧与帧之间重叠面积较少的情况,实现准确的实时配准和融合有较大的难度。增加采集帧率可以有效地减少连续帧之间的图像形变,使图像配准更容易实现。然而,增加采集帧率往往受限于成像器件,而且会降低成像的信噪比。

6.3.4　压缩感知法

　　光纤束成像的真实分辨率取决于纤芯的数量,而纤芯的数量通常远小于像感器像素的数量。式(6-8)可以表示成矩阵向量相乘的形式:

$$y = DCx + e \tag{6-10}$$

其中 e 为加性噪声; D 为降采样算子。将所有线性算子合并为 W 算子,有:

$$y = Wx + e \tag{6-11}$$

假设光纤束具有 M 个纤芯,而光纤束图像有 N 个像素,且有 $M < N$,则 $Y \in \mathbb{R}^M$,$X \in \mathbb{R}^N$。显然式(6-11)是一个欠定方程组,可以采用最小二乘法来求解如下优化问题:

$$\hat{x} = \arg \min_x \left\| Wx - y \right\|_2^2 \tag{6-12}$$

然而,测量中的加性噪声往往会使最优解偏离真实解。为了使解更稳定,需要引入正则化项。此时优化问题变为

$$\hat{x} = \arg \min_x \left\{ \left\| Wx - y \right\|_2^2 + \tau \mathcal{R}(x) \right\} \tag{6-13}$$

其中 $\mathcal{R}$ 是正则化函数; τ 是平衡正则化项和数据拟合项的系数。因为正则化项引入了图像的先验信息,压缩感知重建方法可实现单幅图像去像素化,同时在一定程度上提高重建分辨率。本方法相较于滤波法和插值法,结合了实际的物理模型,可以用来验证成像参数对重建图像质量的影响。6.4 节将利用压缩感知方法对最优工作距离进行估计。

6.4　光纤束成像的分辨率增强方法

6.4.1　最优工作距离

目前常见的光纤内窥镜成像方式需要在光纤束末端放置成像透镜,将画面投影到光纤端面,这增加了内窥镜末端的直径,不利于内窥镜进入一些狭窄腔体;特别在脑成像中,内窥镜的植入不可避免地会损害复杂的神经回路。为了减少对组织器官的损害,需要尽可能缩小内窥镜末端的直径。无透镜内窥镜直接从光纤末端收集光线,形成一个微小的探针,其直径最小可做到几百微米[72],在深度组织成像中已经有了相关应用[205-207]。

在无透镜的工作模式下,物体到光纤束端面的距离被称为"工作距离"。光纤的临界角 θ_c 和工作距离 z 决定了物光耦合进光纤的区域。为使表达更为方便,下面仅对一维的情况进行分析。当待测样品的光恰好完全耦合进光纤束,且不同纤芯之间的耦合区域没有重叠,此时工作距离 z 和光纤的临界角 θ_c 满足如下关系:

$$z = \frac{d}{2\tan\theta_c} \tag{6-14}$$

定义此时的工作距离为临界工作距离,如图 6.3(b)所示。当工作距离小于临界工作距离时,有一部分物光无法被耦合进光纤,如图 6.3(a)中黑色区域所示,造成信息丢失;工作距离大于临界工作距离时,同一物点的光被多个纤芯接收,造成图像模糊,如图 6.3(c)所示。因此选取合适的工作距离是实现图像分辨率增强的基础。

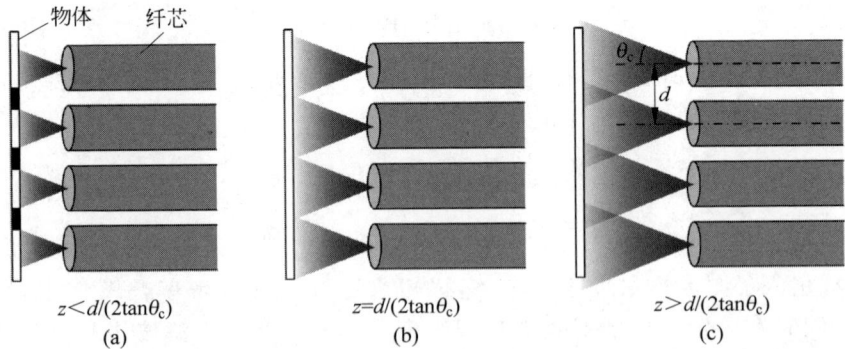

图 6.3　光纤束成像工作距离与耦合区域的关系
(a) 物光无法完全被耦合进光纤束;(b) 物光恰好完全耦合进光纤束;(c) 物光完全被耦合进光纤束,且不同纤芯之间的耦合区域有重叠

本书采用 SUMITA HDIG 光纤束参数对最优工作距离进行分析,其纤芯间距为 3.0 μm,光纤临界角 $\theta_c = 8°$。这里选用小鼠大脑皮层脉管系统的多光子显微图像[208]作为真实场景图像对光纤束成像及去像素化结果进行模拟分析。图 6.4(a)给出了工作距离分别为 1 μm、10 μm、20 μm、40 μm、80 μm 时的成像结果。其中第一行展示了待测样品到达光纤束远端(光纤束远离像感器的一端)时的图像。可以看到随着工作距离增大,图像会变得更加模糊。第二行展示了光纤束近端(光纤束靠近像感器的一端)的图像,

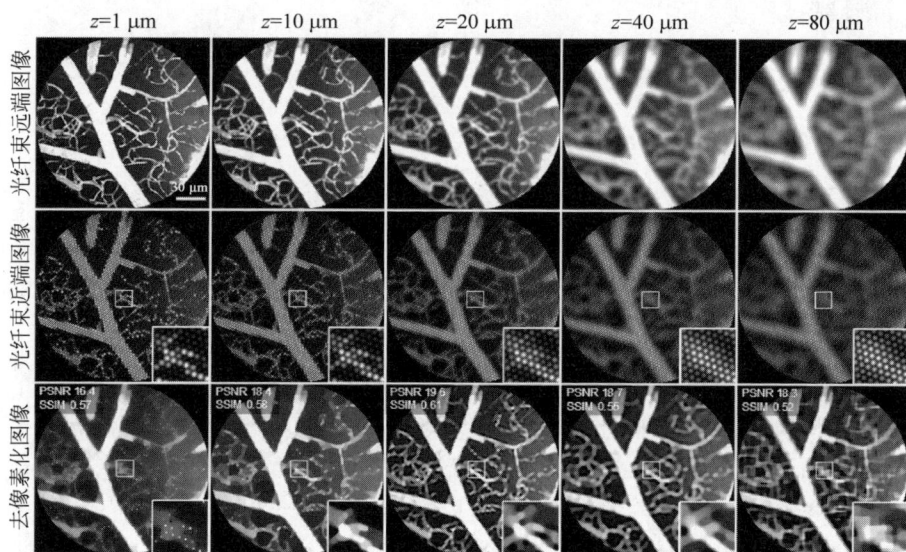

(a)

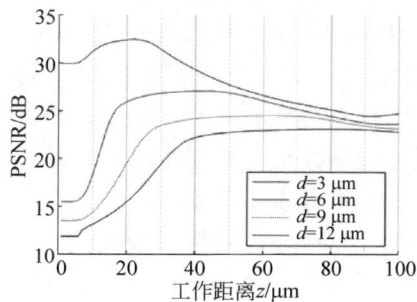

(b)

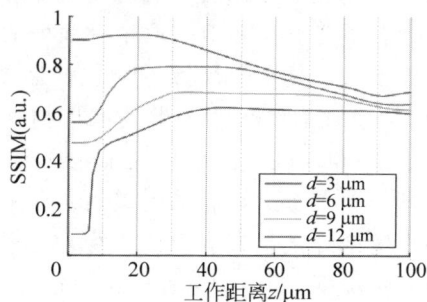

(c)

图 6.4　光纤束无透镜成像模式下不同工作距离对成像质量的影响(前附彩图)

(a) 工作距离不同时的成像结果;(b) 重建图像的平均 PSNR;

(c) 重建图像的平均 SSIM

可以看到图像中存在明显的蜂窝状伪像。第三行展示的是利用压缩感知算法重建的去像素化图像。可以看到当工作距离为 20 μm 时,重建图像有最高的重建质量。

为了进一步揭示最优工作距离与纤芯间距的关系,仿真纤芯间距在 3 μm、6 μm、9 μm、12 μm 等不同工作距离下进行重建图像,并绘制出重建图像 PSNR 和 SSIM 随工作距离变化的曲线,如图 6.4(b) 和图 6.4(c) 所示。结果表明,在光纤临界角 $\theta_c = 8°$ 情况下,工作距离在 $4d \sim 10d$ 时重建质量最高。

6.4.2 基于深度神经网络的光纤束高分辨成像

尽管压缩感知方法能够有效消除光纤束图像中的蜂窝状伪像,并在一定程度上提高分辨率,但较长的计算时间限制了其临床应用。Ravi 等首次将深度学习方法引入光纤束成像当中[209],其首先采用插值法去除光纤束图像中的蜂窝状伪像,然后采用深度神经网络来学习光纤束图像到真值图像的映射关系,以进一步提高分辨率。由于缺乏光纤束图像对应的真值图像,可通过在内窥镜上配准多帧图像来估计光纤束图像的伪真值数据,然后根据伪真值数据和纤芯坐标模拟生成光纤束图像。由于伪真值图像生成的准确度取决于图像配准的精度,往往需要耗费更多的计算资源以提高图像配准的精度。此外,用高分辨率图像模拟生成光纤束图像与实际的光纤束成像结果会有一定的偏差。例如,不规则的纤芯形状以及不均匀的折射率可能导致芯间串扰[210]或者激发包层模式,这些因素会导致基于模拟数据训练的神经网络无法实现对真实光纤束图像的分辨率增强。

为了能够高效地获取精确匹配的光纤束图像对及其真值图像,Shao 等搭建了一个具有双像感器的成像系统用来同步采集光纤束图像和真值图像[211]。该系统采用分束棱镜将物光分为两路,其中一路为典型的显微光路,另一路则在光路中加入了光纤束,通过调整像距使得两路成像光路具有相同的放大率。然而采用该系统获取丰富的数据集并非易事,相关论文采用擦镜纸纤维和人类组织学标本作为样品,分别进行训练和预测[211]。在这种情况下,深度学习神经网络往往只能学习到单一样本的特征,很有可能出现网络的过拟合,影响网络的泛化性能。因此,获取丰富多样的样本图像是提高深度学习神经网络性能的关键。

本书搭建了一套光纤束成像系统,采用投影仪显示样品图像,因此可以获得任意的样本图像,实验光路如图 6.5 所示。投影仪型号为 TI DLP4710,

其显示芯片数字微镜器件(DMD,digital micromirror device)的像素间隔为 5.4 μm。DMD 上显示的图像通过镜筒透镜和 40 倍物镜投影到光纤束远端端面前方 20 μm 处。光纤束的型号为 SUMITA HDIG,其纤芯间距为 3 μm。在光纤束近端采用另一组物镜和透镜将光纤束端面的图像成像在相机像感器上。实验所采用的相机型号为 Thorlabs Quantalux,其像素间隔为 5.04 μm。调整光纤束近端的透镜组位置,使采集到的光纤束图像与真值图像具有相同的像素分辨率。

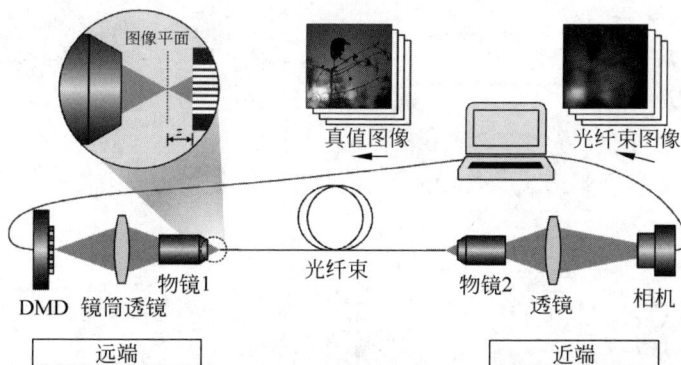

图 6.5　光纤束图像数据集采集实验光路

本书采用 ImageNet 图像集[212]中的测试集作为真值图像,该图像集中包括 5500 张自然图像,所有图像都缩放到 512×512 像素大小显示在屏幕上。为保证采集图像像素值范围的一致性,每张图片采集的曝光时间设定为固定值 0.5 s。

近年来,深度学习在单帧图像超分辨率(SISR,single image super resolution)方面得到了广泛的应用,并取得了较好的效果[110,213]。本书借鉴 SISR 中增强型深度残差网络(EDSR,enhanced deep residual networks for single image super resolution)结构,并与经典 U-Net 相串联,提出了一种 U-Net+EDSR 网络结构用于光纤束高分辨成像。

网络中 U-Net 部分由一系列下采样模块和上采样模块组成,以学习不同分辨率尺度下的特征。相较于经典 U-Net 网络,本书中的 U-Net 网络删除了批标准化层,因为批标准化层使得图像特征范围趋于一致,降低了网络的灵活性。EDSR 网络主要由串联的残差模块组成,每个残差模块同样删除了批标准化层,并在残差模块末尾增加缩放层,增加的缩放层有助于在使用大量的卷积滤波器时保持训练的稳定。在所有残差模块的头部和尾部放置一层卷积层进行特征提取,并通过跳跃连接将这两层卷积层进行连接。最后,通过一层拥有与原始图像通道数相同的滤波器个数的卷积层输出图像。所有卷积层都使用大小为 3×3 的滤波器。由于在光纤束成像中不需要增加图像的尺寸,本书在原始模型中去除上采样层,以保证输出与输入具有相同的尺寸。网络的深度(即残差模块的数量)为 32,残差模块中卷积层滤波器的数量为 256。整体网络结构如图 6.6 所示。

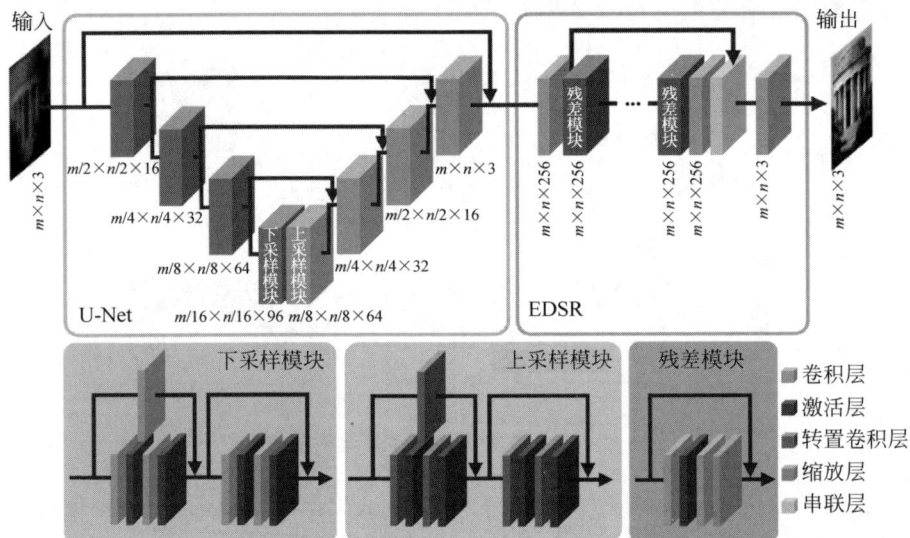

图 6.6 U-Net＋EDSR 网络结构(前附彩图)

网络的损失函数采用基于像素的 MAE 和基于特征的感知损失[123]。本实验中网络模型的训练是通过 NVIDIA RTX A6000 GPU 完成的。网络批处理大小设置为 4,学习率初始化为 10^{-4},并在 2×10^{3} 次迭代后变为 5×10^{-5},总共进行 10^{4} 次迭代。

6.4.3 实验结果与分析

首先采用无标记的多光子荧光图像对分辨率增强网络的性能进行了测评。多光子图像集由德累斯顿大学医院 Uckermann 等提供[214],其中包括 382 名肿瘤患者和 28 名非肿瘤患者的脑肿瘤切片的相干反斯托克斯拉曼散射(CARS,coherent anti-Stokes Raman scattering)、双光子激发荧光(TPEF,two-photon excited fluorescence)和二次谐波产生(SHG,second harmonic generation)三种非线性光学显微图像。每幅图像的 R、G、B 通道分别对应 CARS、TPEF 和 SHG 三个模态。图像的像素分辨率为 1 μm，图像大小为 208×104 像素。然后根据 6.2 节光纤束成像模型生成光纤束图像，光纤束模型采用 SUMITA HDIG 的参数，其中纤芯直径为 2.0 μm，纤芯间距为 3.0 μm。

本书随机从 9 种肿瘤和 2 种非肿瘤类型图像中抽取了 200 幅图像作为测试集对网络进行测试，并与点插值法、面插值法、基于 TV 正则化的 CS 方法重建结果进行了比较。本书计算了测试集中 200 幅图像重建结果的平均 PSNR、SSIM 和计算时间，结果如表 6.1 所示。可以看到，基于深度神经网络的图像重建方法在 PSNR 和 SSIM 指标上均优于其他方法，并且所需计算时间远少于其他方法，比插值法和 CS 方法快三个数量级。另外从图 6.7 的 PSNR 和 SSIM 分布图可以看出，采用 U-Net＋EDSR 的网络结构重建的图像比 U-Net 具有更集中的 PSNR 和 SSIM 分布，验证了 U-Net ＋EDSR 网络结构的有效性。

表 6.1　不同方法重建结果的平均 PSNR、SSIM 和计算时间

指　　标	光纤束图像	点插值法	面插值法	CS 方法	U-Net	U-Net＋EDSR
PSNR/dB	20.65	28.23	28.68	33.08	34.41	34.76
SSIM	0.733	0.951	0.956	0.985	0.989	0.990
计算时间/s	—	11.42	11.44	14.43	0.02	0.06

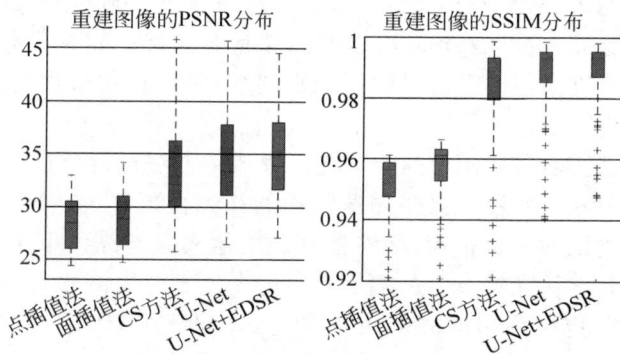

图 6.7　针对测试集图像重建结果的 PSNR 和 SSIM 分布

图 6.8 展示了测试集中的一个图像增强实例，第一行展示了不同方法图像增强结果以及细节图，并在每幅图像右下角标注了相应的 PSNR 和 SSIM 值；第二行展示了相应的频谱图像。

可以看到，基于深度学习的方法在空域的 PSNR 和 SSIM 值，以及对高

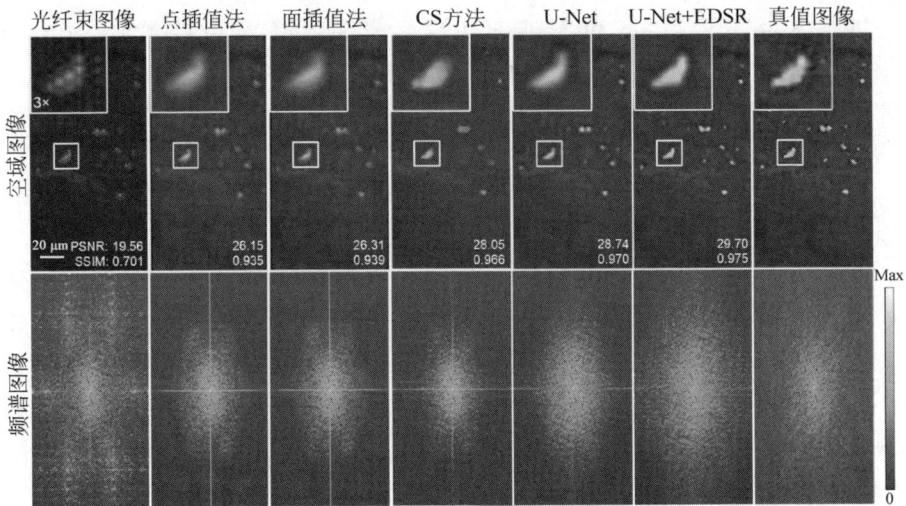

图 6.8　不同方法对光纤束图像分辨率增强结果比较

频成分的恢复均优于其他方法。此外,本书所提出的 U-Net＋EDSR 的网络结构所重建的图像比只用 U-Net 重建的图像具有更清晰的图像边缘。U-Net 结构虽然可以学习不同分辨率尺度的特征,但 U-Net 缺乏更深的网络层来学习每个尺度下的复杂多变的特征,尤其是在原始分辨率尺度下,其特征数量远多于其他尺度下的特征数量。EDSR 由深层的残差块组成,因此将 EDSR 与 U-Net 连接起来可以弥补网络在高分辨率尺度下表征能力的不足。通过 U-Net＋EDSR 增强的图像具有突出的目标特征,这有助于提高医生以及机器学习算法对肿瘤识别的准确度,该部分内容将在 6.5 节进行详细分析。

下面根据实验采集图像对不同光纤束成像方法进行分析。光纤束图像采集装置如图 6.9 所示。将待测试图像加载到投影仪上,投影仪发出的光线经过镜筒透镜和显微物镜,最终将测试图像成像于光纤束端面前 20 μm 的最优距离处。从光纤束另一端面发出的光经显微物镜放大最终成像在像感器平面。实验所采用的光纤束型号为 SUMITA HDIG,其纤芯间距为 3 μm;相机型号为 Thorlabs Quantalux,其像素间隔为 5.04 μm;投影仪型号为 TI DLP4710,其像素间隔为 5.4 μm。

首先对光纤束成像的分辨率和对比度进行测试。测试图像为适用于屏幕显示的分辨率板,该分辨率板包含有 7 组图案,每组组号表示以像素为单位的线宽。根据投影仪的像素间距和物镜放大倍率,可计算得出投影到光纤端面的分辨率板图像的最小线宽为 1.15 μm,重建结果如图 6.10(a)所示。

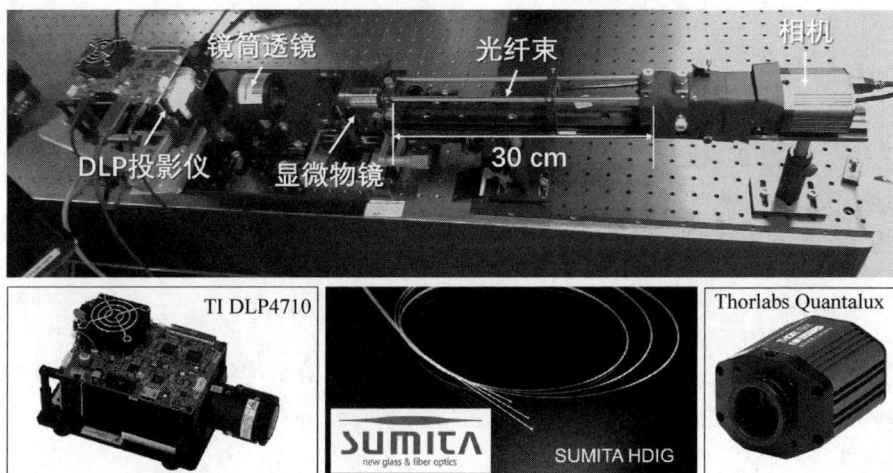

DLP投影仪　镜筒透镜　显微物镜　光纤束　30 cm　相机

TI DLP4710　SUMITA HDIG　Thorlabs Quantalux

图 6.9　实验光路图及所采用的装置

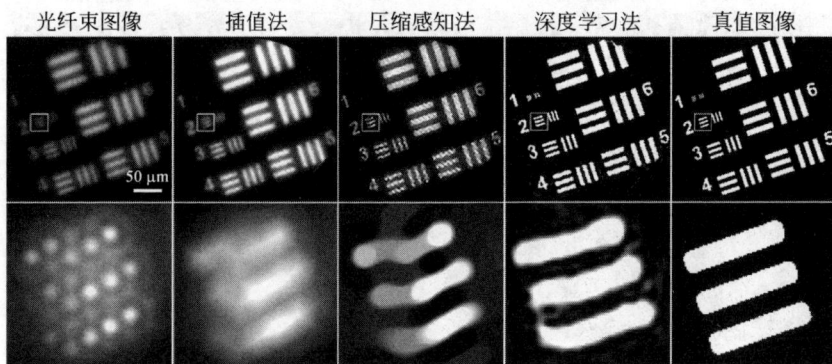

光纤束图像　插值法　压缩感知法　深度学习法　真值图像

50 μm

(a)

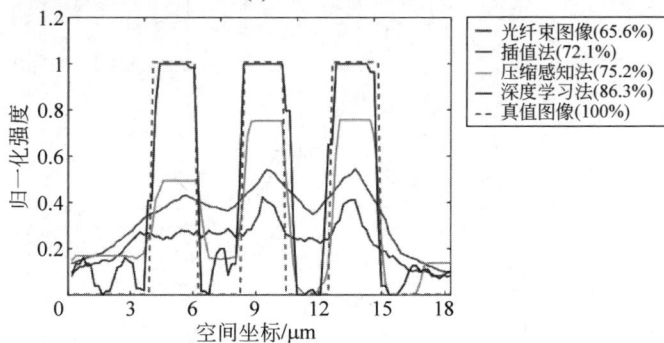

光纤束图像(65.6%)
插值法(72.1%)
压缩感知法(75.2%)
深度学习法(86.3%)
真值图像(100%)

归一化强度

空间坐标/μm

(b)

图 6.10　不同图像增强方法的空域特性比较(前附彩图)

（a）不同方法对分辨率板的重建结果比较；（b）分辨率测试图像第二组的横截面比较

可以看到对于插值法重建的图像,勉强能分辨出第二组的条纹;而压缩感知和深度学习方法重建的图像则能清晰分辨出第二组的条纹。因此该光纤束的分辨率的上限为 2.3 μm 或 217 lp/mm,这与光纤束纤芯间距 3 μm 相符合。分辨率板第二组的光强横截面如图 6.10(b)所示,从该图能够清晰地看到,深度学习方法相较于压缩感知方法,其图像对比度有了明显提高。为了进一步定量分析,定义图像对比度为

$$\mathrm{Contrast} = \frac{I_{\max} - I_{\min}}{I_{\max} + I_{\min}} \times 100\% \qquad (6\text{-}15)$$

其中 $I_{\max}$ 和 $I_{\min}$ 分别代表白色区域和黑色区域的平均强度。经过计算,光纤束图像以及插值法、压缩感知法和深度学习法重建图像的对比度分别为 65.6%、72.1%、75.2% 和 86.3%。

本书进一步分析了重建图像的频域特性,如图 6.11(a)所示。对小鼠

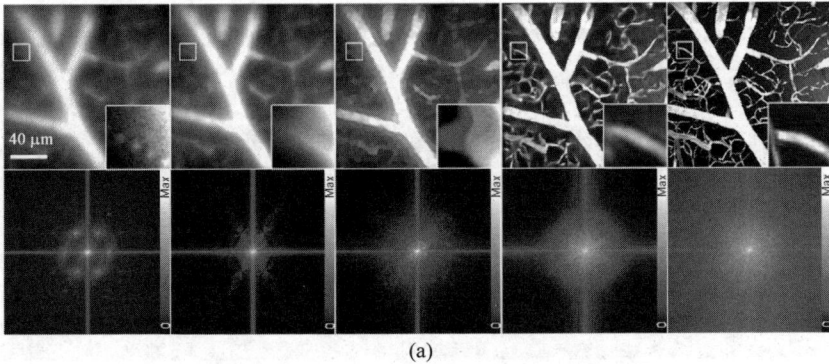

(a)

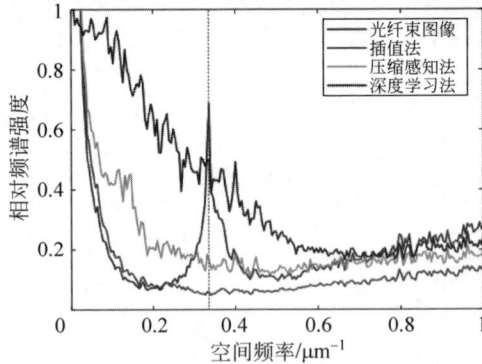

(b)

图 6.11　不同图像增强方法的频域特性比较(前附彩图)

(a) 不同方法对小鼠脉管系统的重建图像及其相应的频谱图;(b) 不同方法重建图像的相对频谱强度(虚线表示纤芯采样频率)

脉管系统图像的验证表明,DNN 方法相较于其他方法可以恢复更多的高频成分。为了明确比较各种方法可以恢复的频率分量,在重建图像的频域对具有相同径向坐标的频谱值求平均,并除以真值图像对应的频率分量,得到相对频谱曲线,如图 6.11(b)所示。值得注意的是,光纤束图像的相对频率曲线在 0.33 μm^{-1} 存在峰值(图 6.11(b)中画虚线处),这是由纤芯的周期性排布引起的,其表示的是纤芯的采样频率,并非原始图像中的信息。根据奈奎斯特-香农采样定理,当信号频率超过采样频率的一半时,就会发生频谱混叠。因此,光纤束图像的频率曲线中有效的部分集中于 $0 \sim 0.16$ μm^{-1}。而插值法仅去除了由纤芯的周期性排布引起的尖峰,并不能引入更多的高频信息。压缩感知方法通过正则化的方式引入先验信息,对高频分量有一定的提升。

6.5　高分辨光纤束成像在肿瘤识别中的应用

　　癌症的早期诊断是提高患者生存率和治愈率的关键,而实现高分辨光纤束成像对提高肿瘤的诊断效率有重要意义。当前对肿瘤的诊断主要基于病理活检的方式,需要从患者体内切取出病变组织进行切片染色,放入显微镜下进行观察,最后由经验丰富的病理学家来判断是否为肿瘤,流程如图 6.12(a)所示。病理活检从取样到获得诊断结果将持续几小时至几天不等,对于高度侵袭性肿瘤,较长的诊断时间可能会降低患者的存活率。此外,对病变区域不当的切除可能导致额外的风险,如内出血或失能。而基于光纤内窥镜的诊断方式可在体腔内对肿瘤进行原位活体检查。并且在人工智能技术的辅助下可以对光纤束图像进行分辨率增强,还能实时给出诊断结果,实现快速无损诊断,流程如图 6.12(b)所示。另外在手术治疗阶段,医生可在内窥镜引导下精确地完成肿瘤切除,可降低手术切除风险,提高治疗效果。

　　在进行内窥镜诊断时,通常需要与无标记的非线性光学成像方法相结合。非线性光学成像技术可获得不同生化物质的激发和发射光谱的差异,用于对含不同光学标志物的组分的识别,具有无损且高分辨率的成像特征。若结合多种成像技术进行多模态成像,则能获取到生物组织样本中不同结构和功能的互补信息,可以避免对组织样本进行固定、切片和染色等操作,从而实现对活体组织的无标记成像,为肿瘤诊断提供丰富的信息,该方法已被广泛应用于各类癌症的诊断研究中[215-218]。

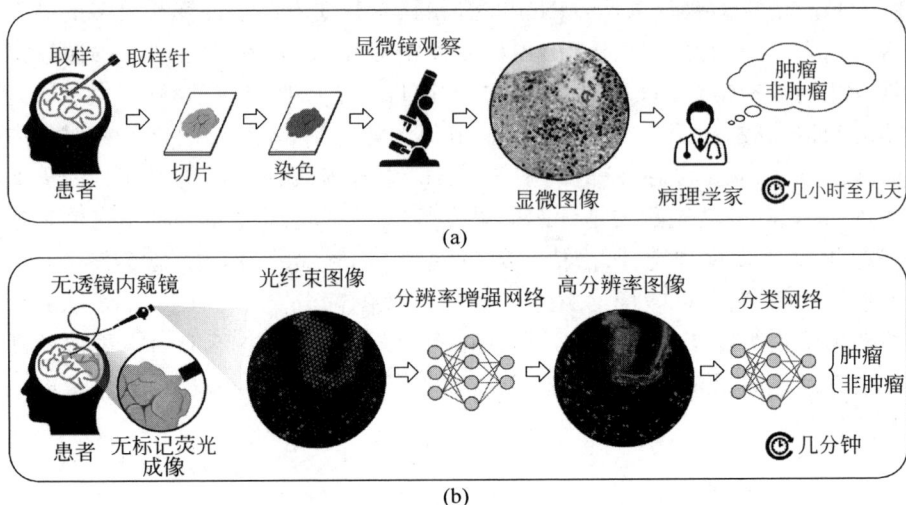

图 6.12　病理活检诊断流程和人工智能辅助无透镜内窥镜诊断流程比较
（a）病理活检流程；（b）人工智能辅助无透镜内窥镜诊断流程

　　为了实现具有非线性光学成像功能的内窥镜,目前主流的方法是在内窥镜末端集成一个微光学探针,用来完成激光扫描和非线性信号的收集。一般内窥镜探针由微型扫描装置、光纤、梯度折射率（GRIN,graded-index）透镜以及附加的光学元件组成,譬如基于微机电系统（MEMS,micro-electro-mechanical systems）透镜的光学探针[219]、基于 MEMS 微反射镜光学探针[220]以及基于压电陶瓷管的扫描探针[221-224]。这些内窥镜探针仍需要额外的光学元件如棱镜、反射镜或透镜用于光束偏转和聚焦,光学元件之间需要进行高精度装配并且具有较大的封装尺寸,探针直径通常为 $2\sim3$ mm。GRIN 透镜常用来代替探针中的透镜以缩小探针尺寸,但也存在刚性长度较长、制造成本高等缺点。此外,内窥镜成像作为一种侵入性诊疗方法,探针的消毒灭菌是非常重要的环节;采用低成本一次性探针能够避免由于探针消毒不彻底造成的病患感染问题。而基于光纤束的无透镜成像方式仅需一根光纤束即可成像,其直径仅为 500 μm,且无须任何扫描装置和用于光束偏转或聚焦的光学元件,能够实现低成本的一次性探针,是用于构建内窥镜光纤探针的理想方案。

6.5.1　成像分辨率对肿瘤识别的影响

　　一般而言,病变区域高分辨率的显微图像可提供诸如肿瘤边缘[225]、肿瘤恶化程度[226]等病理特征,进而可进行细粒度分析[227]。然而高分辨率的显微图像往往视场很小,不利于肿瘤的定位和筛查。如果肿瘤特征对分辨率不敏感,可以采用低分辨率、大视场的内窥镜快速筛查肿瘤。否则,就需要高分辨率的成像技术。

　　为了测试图像分辨率对肿瘤识别结果的影响,采用 VGG-19[124]分类网络对肿瘤进行识别分类。由于 TPEF 具有较高的分类精度[214],并且容易与光纤内窥镜进行集成[228],因此选择单模态 TPEF 图像作为肿瘤识别的对象。九种肿瘤类型的多光子显微图片如图 6.13 所示。数据集中患者与图片的数量,以及训练集、验证集和测试集的患者数量见表 6.2。

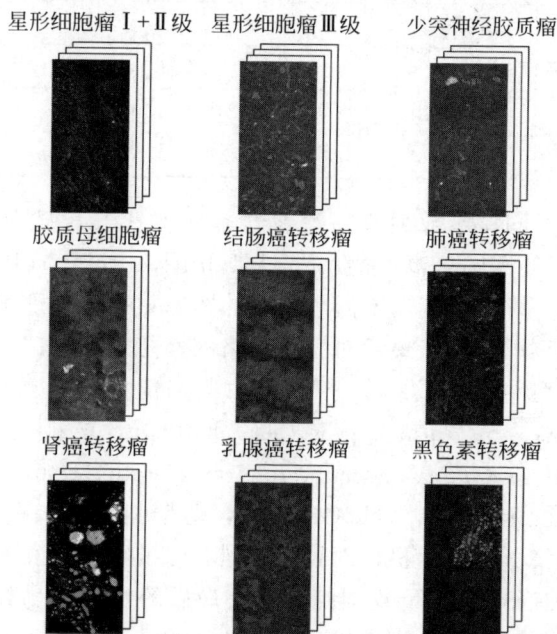

图 6.13　九种肿瘤类型的多光子显微图片(R、G、B 三个通道分别代表 CARS、TPEF、SHG 成像模态)(前附彩图)

表 6.2　分类数据集样本的划分

样本类型	图片数量	患者数量	训练集患者数量	验证集患者数量	测试集患者数量
星形细胞瘤Ⅰ+Ⅱ级	739	13	9	2	2
星形细胞瘤Ⅲ级	5582	74	61	6	7

续表

样本类型	图片数量	患者数量	训练集患者数量	验证集患者数量	测试集患者数量
少突神经胶质瘤	4373	41	33	4	4
胶质母细胞瘤	9864	108	90	9	9
结肠癌转移瘤	3405	25	20	2	3
肺癌转移瘤	6142	47	38	4	5
肾癌转移瘤	2825	20	16	2	2
乳腺癌转移瘤	3109	24	20	2	2
黑色素转移瘤	3791	29	24	2	3
正常组织	5344	18	14	2	2
肿瘤样本总计	39830	381	311	33	37
总计	45174	399	325	35	39

书中采用不同核参数的高斯滤波器来模拟 TPEF 显微图像的分辨率下降,用高斯滤波器的半高全宽(FWHM,full width at half maxima)来表示退化图像的分辨率。利用不同分辨率的图像数据集分别对分类网络进行训练,得到一组分类网络,最后对分类网络的性能进行测试。本次实验中针对每种肿瘤类型共训练了 6 个分类网络,其对应的数据集分辨率为 1 μm (原始分辨率)、2 μm、3 μm、4 μm、5 μm 和 10 μm,并采用受试者工作特征曲线下面积(AUROC,area under the receiver operating characteristic curve)作为分类网络的性能指标。AUROC 越高,模型对肿瘤的区分能力则越好。为了减少数据集分配的随机性对网络性能的影响,对每个分类网络随机选择不同的患者进行训练,重复训练 5 次。最后的训练结果如图 6.14 所示,误差条的上下限表示 5 次训练中的最大值和最小值。

从图 6.14 中可以得出如下结论:

(1) 对于 I + II 级和 III 级星形细胞瘤,AUROC 与分辨率的相关性较低。实际上,在这两种肿瘤类型的训练过程中都出现了过拟合的问题,原因可能是训练集和测试集的特征有很大的不同,更广泛的患者样本可以解决这个问题。

(2) 对于结肠癌、肺癌、肾癌、乳腺癌和黑色素转移瘤,在 5 μm 分辨率以内 AUROC 几乎保持恒定的水平,所有训练结果的 AUROC 均在 0.96 以上。该结果表明,VGG-19 网络可以在不使用分辨率增强技术的情况下,

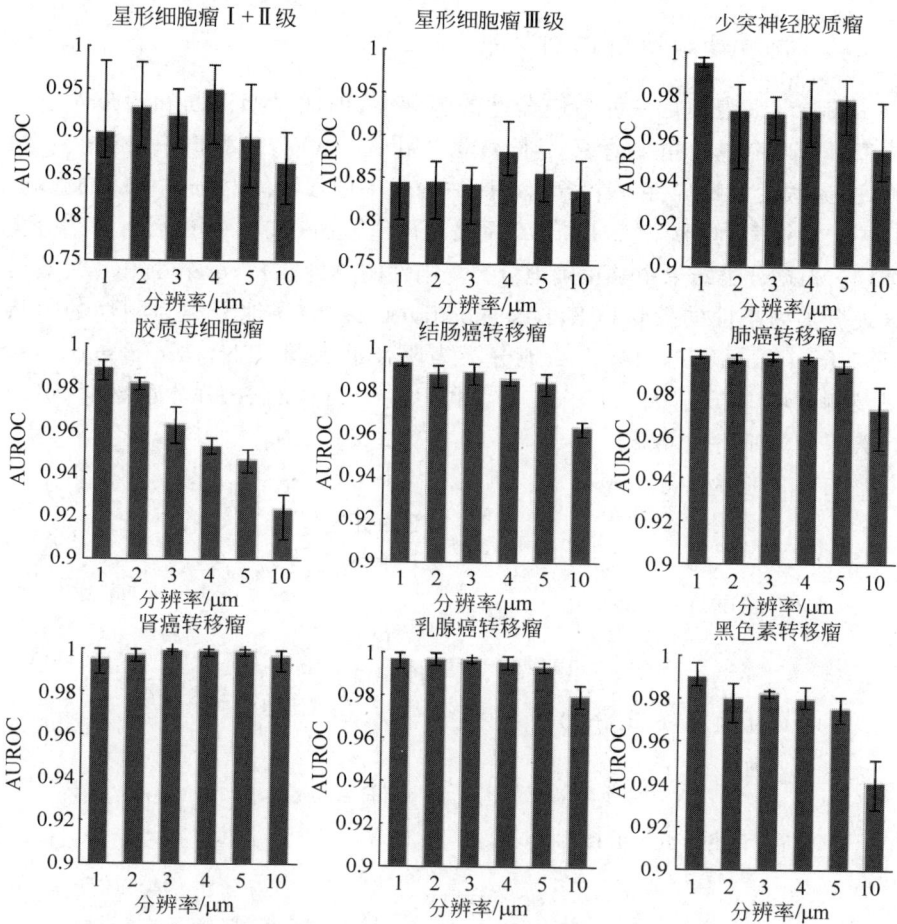

图 6.14 九种肿瘤类型的分类网络在不同分辨率下的 AUROC 分布

直接对光纤束图像(图像分辨率约为 3 μm)进行训练和测试。

(3)对于少突神经胶质瘤,仅在 1 μm 分辨率下,AUROC 具有较高的水平。这种肿瘤类型可能有更多的高频特征,因此分类性能强烈地依赖高分辨率图像。

(4)对于胶质母细胞瘤,AUROC 随着分辨率的提高几乎线性下降。这对光纤束成像来说是一个很好的特性,因为分辨率增强技术可以在提高肿瘤识别性能方面发挥作用。因此,6.5.2 节中将以胶质母细胞瘤作为研究样本,对分辨率增强网络对肿瘤分类性能的提高作用进行测试。

6.5.2 胶质母细胞瘤识别结果

胶质母细胞瘤是一种高侵袭性的脑肿瘤,因此早期诊断和治疗对于延长患者的寿命具有重要意义。本实验中用 AUROC、预测概率、准确率、精确度、灵敏度和特异性 6 个指标来评估分辨率增强网络对分类性能的影响。其中预测概率为网络的输出值,对网络输出值施加 0.5 的阈值后可得二分类结果。根据分类结果中被正确地分类为阳性的数量(TP,ture positives)、被错误地分类为阳性的数量(FP,false positives)、被错误地分类为阴性的数量(FN,false negatives)、被正确地分类为阴性的数量(TN,ture negatives),以及测试集中真实阳性(P,positive)和阴性(N,negative)样本的数量,可以计算得到如下评价指标。

(1) 准确率(accuracy):

$$accuracy = \frac{TP + TN}{P + N} \tag{6-16}$$

(2) 精确度(precision):

$$precision = \frac{TP}{TP + FP} \tag{6-17}$$

(3) 灵敏度(sensitivity):

$$sensitivity = \frac{TP}{P} \tag{6-18}$$

(4) 特异性(specificity):

$$specificity = \frac{TN}{N} \tag{6-19}$$

分别在显微镜图像、光纤束图像和分辨率增强的图像上训练网络,并与不同分辨率下的分类结果进行比较,各指标如图 6.15 所示。与直接用光纤束图像训练结果相比,经过分辨率增强的图像在所有的指标上都具有更好的性能。这验证了所提出的分辨率增强网络可以有效地提高胶质母细胞瘤识别性能。其中,显微图像、光纤束图像和增强图像的平均准确率分别为96.2%、90.8%、95.6%。在这种情况下,光纤束图像的蜂窝状伪像破坏了肿瘤形态学的一些特征,使分类性能略有下降。然而,采用深度神经网络对分辨率增强过程可以有效地重建特征,并将分类准确率提高到与显微图像近乎相同的水平。

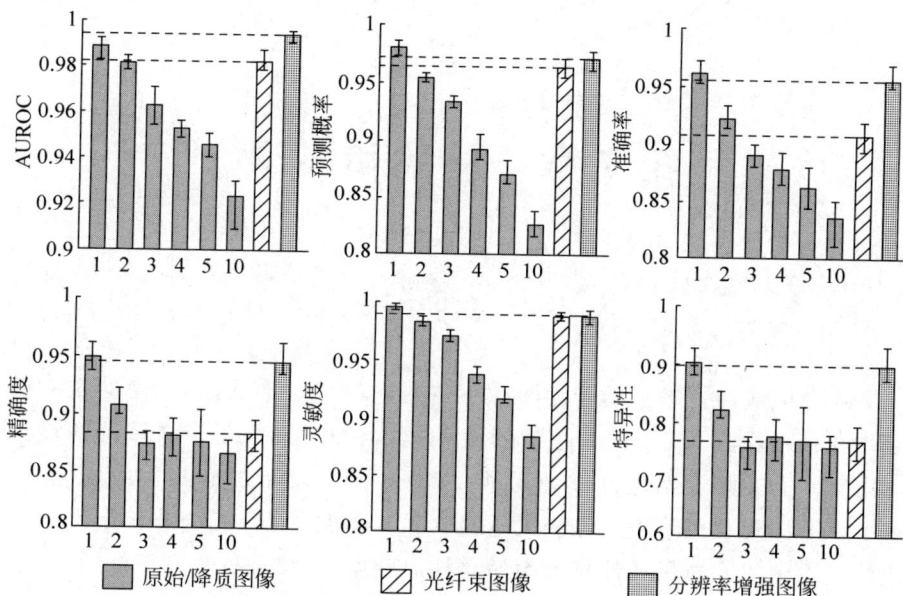

图 6.15　胶质母细胞瘤分类网络性能指标

注：横坐标为分辨率，单位为 μm；光纤束图像与分辨率增强图像不涉及分辨率问题。

6.6　本章小结

无透镜光纤束成像技术可减小内窥镜尺寸，在临床诊断上具有微创的优点。然而，光纤束成像的低分辨率以及固有的蜂窝状伪像增加了疾病诊断的难度。本章针对无透镜光纤束成像中存在的蜂窝状伪像问题，建立了无透镜光纤束成像模型，分析了物体到光纤端面距离对成像质量的影响，给出了在光纤临界角 $\theta_c = 8°$ 情况下，最优工作距离在 $4 \sim 10$ 倍的纤芯间距之间的结论。提出了基于深度神经网络的光纤束成像分辨率增强方法，实现了单帧光纤束图像的快速高分辨成像，成像分辨率由 3 μm（物理分辨率）提高到 2.3 μm，成像对比度提高了约 20%。提出的分辨率增强网络可以用于提高胶质母细胞瘤识别性能，分类精度从 90.8% 提高到 95.6%。所提出的基于神经网络的内窥镜成像和肿瘤识别方案可以辅助病理学家在手术中对肿瘤进行实时诊断，提高临床诊疗效率。

第7章　总结和展望

7.1　工　作　总　结

　　无透镜成像打破了场景到图像一一对应的采样形式,将成像的重心由硬件转移到算法;其不仅大幅降低硬件成本,而且提高了成像系统的设计自由度。而非相干无透镜成像无须主动照明,有着更加广阔的应用场景。本书以菲涅耳孔径编码成像和无透镜光纤束成像为例,围绕非相干无透镜成像技术中成像质量与计算效率两个核心问题,在成像的物理机制、算法性能和成像应用等方面开展了系统和深入的研究,主要研究内容如下:

　　(1) 单帧菲涅耳孔径编码成像的无孪生像重建方法。基于积分模型和卷积模型推导了菲涅耳波带片编码成像的图像记录和重建过程,分析验证了菲涅耳孔径编码图像与同轴全息图在数学形式上的等效性,给出了波带片参数与衍射距离和波长的对应关系。分析了菲涅耳孔径编码成像重建图像中孪生像的生成机制,针对离焦图像和聚焦图像在梯度域的稀疏性差异,提出一种基于全变差正则化的图像重建方法,可以有效滤除在梯度域不具有稀疏性特征的孪生像噪声,显著提高了成像信噪比。推导分析了几何光学模型下成像分辨率与波带片参数之间的关系,在波带片半径固定的情况下,最小可分辨距离与波带片常数的平方成正比,与波带片最外圈环带的宽度成正比。构建了无须校准的无透镜相机样机,只需采集单帧编码图像即可完成图像重建,实现了对二值、灰度和彩色图像的重建。

　　(2) 基于部分采样的菲涅耳孔径编码压缩重建方法。研究了压缩感知成像理论及其适用条件,分析了菲涅耳孔径编码压缩采样模型的不相关特性,比较了菲涅耳孔径编码的测量矩阵和随机高斯测量矩阵的对信号恢复能力,验证了一维情况下波带片常数小于 0.5 mm 时,重构性能与高斯测量矩阵几乎一致。分析了物理模型中的线性卷积和数值重建中的循环卷积之间的误差,给出线性卷积与循环卷积的等效关系: $P \times P$ 线性卷积是 $2P \times 2P$

循环卷积中心 $P \times P$ 部分的不完备测量。提出并推导了基于 ADMM 的压缩重建方法,对矩形采样模式和辐射线采样模式进行了定量分析,验证了辐射线采样模式相比矩形采样模式具有更高的图像采样效率。实验表明,仅通过 7.3% 的测量数据就可以获得质量良好的图像,验证了基于菲涅耳孔径编码成像构建多像感器架构的可行性。

　　(3) 基于深度学习的菲涅耳孔径编码快速高质量重建方法。分析了菲涅耳孔径编码成像模型中的主要误差来源,验证了菲涅耳波带片的多焦点特性以及衍射效应导致的波带片对比度反转对成像分辨率的制约作用。建立了更为精确的宽带衍射模型代替几何光学模型对成像系统点扩散函数进行计算,与真实点扩散函数间的计算误差小于 5%。将点扩散函数用于深度学习数据集的生成,避免了烦琐冗长的数据集采集流程。设计了基于 U-Net 和 DBPN 的端到端网络模型,提高了网络恢复精细图像细节的性能,采用 NPCC 作为训练损失函数,改善了网络的收敛性能。在同等图像质量情况下计算速度比迭代优化算法提高了两个数量级。分析了不同噪声程度下 ADMM 方法和 DNN 方法的图像重建质量,验证了 DNN 方法抗噪声能力优于迭代优化算法。

　　(4) 基于深度学习的无透镜光纤内窥镜去像素化高分辨成像方法。分析了光纤束成像的原理和特性,提出了基于压缩感知的光纤束去像素化方法,并根据该方法分析了物体到光纤端面距离对成像质量的影响,给出了在光纤临界角 $\theta_c = 8°$ 情况下,最优工作距离在 $4 \sim 10$ 倍的纤芯间距之间的结论。搭建了光纤束图像数据集采集装置,可采集任意类型图像数据集,提高了神经网络泛化能力。提出了基于深度神经网络的光纤束成像分辨率增强方法,实现了单帧光纤束图像的快速高分辨成像,成像分辨率由 3 μm(物理分辨率)提高到 2.3 μm,成像对比度提高了约 20%。提出的分辨率增强网络可以用于提高胶质母细胞瘤识别性能,分类精度从 90.8% 提高到 95.6%。

7.2　创新性成果

　　本书的创新性成果总结如下:

　　(1) 提出了单帧菲涅耳孔径编码图像的无孪生像重建方法,构建了基于菲涅耳孔径编码的无透镜成像模型,揭示了菲涅耳孔径编码成像中孪生像的产生原理,设计了基于全变差正则化的重建算法,有效消除了图像重建中的孪生像噪声,提高了成像信噪比。构建了基于部分编码数据的无透镜编码掩模压缩成像模型,实现了无透镜编码掩模成像的压缩重建。

(2)提出了宽带光照明下的无透镜编码掩模成像模型,以解决衍射效应所带来的重建图像质量不佳的问题。根据该模型引入一种高质量编码掩模成像数据集生成方法,避免了烦琐的数据集采集流程。设计了基于深度神经网络的无透镜编码掩模成像方法,实现了快速高质量图像重建。

(3)提出了无透镜光纤内窥镜成像去像素化高分辨成像方法,分析了光纤束成像最优工作距离,设计了基于单帧光纤束图像的分辨率增强深度神经网络,消除了光纤束图像中蜂窝状伪像,提升了光纤束成像的对比度和分辨率。设计了人工智能辅助的内窥镜肿瘤诊断框架,提高了肿瘤识别率和诊断效率。

7.3　未来工作展望

无透镜成像技术和深度学习技术极具潜力,还有很大的发展空间。在本书的工作基础上,对今后可能的研究方向进行展望:

(1)软硬件联合优化。长期以来,成像系统的设计都遵循先设计好光学系统,然后进行图像处理算法设计的顺序模式。然而这种软硬件分别独立优化的方式缺乏参数信息的传递,会导致优化效率低下或者冗余优化。而无透镜成像硬件参数自由度高,且成像模型易于构建,可将硬件参数作为可学习参数纳入神经网络中。通过建立从物体图像到重建图像的端到端成像模型,采用无监督学习的方式对代表了整个成像过程的神经网络模型进行训练,可以突破软硬件单独优化的瓶颈,实现成像质量的大幅提升。

(2)多维多模态成像。完整的光场信息包括光强、相位、光谱、偏振等多维度信息,目前获取除光强以外的信息需要专用的成像设备(如深度相机和光谱相机),成本昂贵。可通过设计特定成像方式和重建算法开发编码掩模成像系统的多维度信息获取能力,使得成像系统点扩散函数随深度和光谱产生显著变化,将深度信息、光谱信息等多维度信息从编码图像中解耦,实现仅用单帧图像对场景光谱和深度信息的编码及恢复。该方法可与显微成像、远距离成像等技术相结合,实现多维度多模态成像。

(3)智能化应用开发。目前的目标识别和目标分类技术都是以人眼视觉为评价标准,而无透镜成像可将图像进行编码,因此无须获得可供人眼分辨的图像再进行目标识别和分类处理,可突破传统以人眼视觉为基础的深度学习性能瓶颈,提高分类识别性能,降低硬件成本。通过开展无透镜成像与人工智能结合的扩展应用研究,可开发如人脸识别、温度监测、医学图像分割等智能化应用,有望在物联网、消费电子和生物医疗等领域中发挥重要作用。

参 考 文 献

[1] GOVE R J. CMOS image sensor technology advances for mobile devices[M]// High Performance Silicon Imaging, Elsevier, 2020: 185-240.

[2] GOIFFON V, ESTRIBEAU M, MAGNAN P. Overview of ionizing radiation effects in image sensors fabricated in a deep-submicrometer CMOS imaging technology[J]. IEEE Transactions on Electron Devices, 2009, 56(11): 2594-2601.

[3] WANG X, WONG W, HORNSEY R. A high dynamic range CMOS image sensor with inpixel light-to-frequency conversion[J]. IEEE Transactions on Electron Devices, 2006, 53(12): 2988-2992.

[4] KIM M K. Principles and techniques of digital holographic microscopy[J]. SPIE Reviews, 2010, 1(1): 018005.

[5] TYO J S, GOLDSTEIN D L, CHENAULT D B, et al. Review of passive imaging polarimetry for remote sensing applications[J]. Applied Optics, 2006, 45(22): 5453-5469.

[6] OKAMOTO T, YAMAGUCHI I. Simultaneous acquisition of spectral image information[J]. Optics Letters, 1991, 16(16): 1277-1279.

[7] LANGE D, STORMENT C W, CONLEY C A, et al. A microfluidic shadow imaging system for the study of the nematode Caenorhabditis elegans in space[J]. Sensors and Actuators B: Chemical, 2005, 107(2): 904-914.

[8] OZCAN A, DEMIRCI U. Ultra wide-field lens-free monitoring of cells on-chip[J]. Lab on a Chip, 2008, 8(1): 98-106.

[9] ZHENG G, LEE S A, ANTEBI Y, et al. The ePetri dish, an on-chip cell imaging platform based on subpixel perspective sweeping microscopy (SPSM)[J]. Proceedings of the National Academy of Sciences, 2011, 108(41): 16889-16894.

[10] ZHENG G, LEE S A, YANG S, et al. Sub-pixel resolving optofluidic microscope for on-chip cell imaging[J]. Lab on a Chip, 2010, 10(22): 3125-3129.

[11] TØNNESEN J, INAVALLI V K, NÄGERL U V. Super-resolution imaging of the extracellular space in living brain tissue[J]. Cell, 2018, 172(5): 1108-1121.

[12] OZCAN A, MCLEOD E. Lensless imaging and sensing[J]. Annual Review of Biomedical Engineering, 2016, 18: 77-102.

[13] GOODMAN J W. Statistical optics[M]. New Jersey: John Wiley & Sons, 2015.

[14] MUDANYALI O, TSENG D, OH C, et al. Compact, light-weight and cost-effective

microscope based on lensless incoherent holography for telemedicine applications[J]. Lab on a Chip,2010,10(11): 1417-1428.

[15] GOODMAN J W. Introduction to Fourier optics [M]. Colorado: Roberts and Company publishers,2005.

[16] SU T W,ERLINGER A,TSENG D,et al. Compact and light-weight automated semen analysis platform using lensfree on-chip microscopy [J]. Analytical Chemistry,2010,82(19): 8307-8312.

[17] SU T W,XUE L,OZCAN A. High-throughput lensfree 3D tracking of human sperms reveals rare statistics of helical trajectories [J]. Proceedings of the National Academy of Sciences,2012,109(40): 16018-16022.

[18] ANAND V,KATKUS T,LINKLATER D P,et al. Lensless three-dimensional quantitative phase imaging using phase retrieval algorithm [J]. Journal of Imaging,2020,6(9): 99.

[19] BIENER G,GREENBAUM A,ISIKMAN S O,et al. Combined reflection and transmission microscope for telemedicine applications in field settings[J]. Lab on a Chip,2011,11(16): 2738-2743.

[20] GERCHBERG R W. A practical algorithm for the determination of phase from image and diffraction plane pictures[J]. Optik,1972,35: 237-246.

[21] FIENUP J R. Phase retrieval algorithms: A comparison [J]. Applied Optics, 1982,21(15): 2758-2769.

[22] GREENBAUM A,ZHANG Y,FEIZI A,et al. Wide-field computational imaging of pathology slides using lens-free on-chip microscopy[J]. Science Translational Medicine,2014,6(267).

[23] LUO W,GREENBAUM A,ZHANG Y,et al. Synthetic aperture-based on-chip microscopy[J]. Light: Science & Applications,2015,4(3): e261.

[24] CANDES E J,ROMBERG J K,TAO T. Stable signal recovery from incomplete and inaccurate measurements[J]. Communications on Pure and Applied Mathematics: A Journal Issued by the Courant Institute of Mathematical Sciences, 2006, 59 (8): 1207-1223.

[25] CANDES E J,ROMBERG J,TAO T. Robust uncertainty principles: Exact signal reconstruction from highly incomplete frequency information [J]. IEEE Transactions on Information Theory,2006,52(2): 489-509.

[26] LATYCHEVSKAIA T,FINK H W. Solution to the twin image problem in holography[J]. Physical Review Letters,2007,98(23): 233901.

[27] BRADY D J,CHOI K,MARKS D L,et al. Compressive holography [J]. Optics Express,2009,17(15): 13040-13049.

[28] HAHN J,LIM S,CHOI K,et al. Video-rate compressive holographic microscopic tomography[J]. Optics Express,2011,19(8): 7289-7298.

[29] RIVENSON Y, WU Y, WANG H, et al. Sparsity-based multi-height phase recovery in holographic microscopy[J]. Scientific Reports, 2016, 6(1): 1-9.

[30] SENCAN I, COSKUN A F, SIKORA U, et al. Spectral demultiplexing in holographic and fluorescent on-chip microscopy[J]. Scientific Reports, 2014, 4 (1): 1-9.

[31] KIRMANI A, JEELANI H, MONTAZERHODJAT V, et al. Diffuse imaging: Creating optical images with unfocused time-resolved illumination and sensing[J]. IEEE Signal Processing Letters, 2011, 19(1): 31-34.

[32] SATAT G, TANCIK M, RASKAR R. Lensless imaging with compressive ultrafast sensing[J]. IEEE Transactions on Computational Imaging, 2017, 3(3): 398-407.

[33] WU D, WETZSTEIN G, BARSI C, et al. Ultra-fast lensless computational imaging through 5D frequency analysis of time-resolved light transport[J]. International Journal of Computer Vision, 2014, 110(2): 128-140.

[34] ANTIPA N, KUO G, HECKEL R, et al. DiffuserCam: Lensless single-exposure 3D imaging[J]. Optica, 2018, 5(1): 1-9.

[35] ZHENG Y, HUA Y, SANKARANARAYANAN A C, et al. A simple framework for 3D lensless imaging with programmable masks[C]//Proceedings of the IEEE/CVF International Conference on Computer Vision. [S. l. : s. n.], 2021: 2603-2612.

[36] MONAKHOVA K, YANNY K, AGGARWAL N, et al. Spectral DiffuserCam: Lensless snapshot hyperspectral imaging with a spectral filter array[J]. Optica, 2020, 7(10): 1298-1307.

[37] WANG J, ZHAO Y. Lensless multispectral camera based on a coded aperture array[J]. Sensors, 2021, 21(22): 7757.

[38] SHIMANO T, NAKAMURA Y, TAJIMA K, et al. Lensless light-field imaging with Fresnel zone aperture: Quasi-coherent coding[J]. Applied Optics, 2018, 57(11): 2841-2850.

[39] BOOMINATHAN V, ADAMS J K, ROBINSON J T, et al. PhlatCam: Designed phase-mask based thin lensless camera [J]. IEEE Transactions on Pattern Analysis and Machine Intelligence, 2020, 42(7): 1618-1629.

[40] ADAMS J K, BOOMINATHAN V, AVANTS B W, et al. Single-frame 3D fluorescence microscopy with ultraminiature lensless FlatScope[J]. Science advances, 2017, 3(12): e1701548.

[41] Foundation for Science Technology & Civilisation, FSTC. Illustration of the camera obscura principle from James Ayscough's A short account of the eye and nature of vision (1755 fourth edition)[EB/OL]. https://commons. wikimedia. org/wiki/File: 1755_james_ayscough. jpg.

[42] Daguerreotype camera built by La Maison Susse Frères in 1839, with a lens by Charles Chevalier[EB/OL]. [2010-08-05]. https://commons. wikimedia. org/wiki/File: Susse_Fr%C3%A9re_Daguerreotype_camera_1839. jpg.

[43] BARRETT H H, HORRIGAN F A. Fresnel zone plate imaging of gamma rays; theory[J]. Applied Optics,1973,12(11): 2686-2702.

[44] KLOTZ E, WEISS H. Three-dimensional coded aperture imaging using nonredundant point distributions [J]. Optics Communications, 1974, 11 (4): 368-372.

[45] FENIMORE E E, CANNON T M. Coded aperture imaging with uniformly redundant arrays[J]. Applied Optics,1978,17(3): 337-347.

[46] GOTTESMAN S R, FENIMORE E E. New family of binary arrays for coded aperture imaging[J]. Applied Optics,1989,28(20): 4344-4352.

[47] ROGERS G L. Gabor diffraction microscopy: The hologram as a generalized zone-plate[J]. Nature,1950,166(4214): 237.

[48] MERTZ L, YOUNG N. Fresnel transformation of images[J]. SPIE Milestone Series MS,1996,128: 44-49.

[49] CHAKRABARTI S K, PALIT S, DEBNATH D, et al. Fresnel zone plate telescopes for X-ray imaging I: Experiments with a quasi-parallel beam[J]. Experimental Astronomy,2009,24(1): 109-126.

[50] BARRETT H H. Fresnel zone plate imaging in nuclear medicine[J]. J. Nucl. Med,1972,13(6): 382-385.

[51] 曹磊峰. 非相干光全息成像技术与透射光栅谱学[D]. 北京: 中国工程物理研究院北京研究生部,2002.

[52] BEYNON T D, KIRK I, MATHEWS T R. Gabor zone plate with binary transmittance values[J]. Optics Letters,1992,17(7): 544-546.

[53] DICKE R. Scatter-hole cameras for X-rays and gamma rays[J]. The Astrophysical Journal,1968,153: L101.

[54] ABLES J. Fourier transform photography: A new method for X-ray astronomy[J]. Publications of the Astronomical Society of Australia,1968,1(4): 172-173.

[55] GOLAY M J. Point arrays having compact, nonredundant autocorrelations[J]. Journal of the Optical Society of America,1971,61(2): 272-273.

[56] FINGER M, PRINCE T. Hexagonal uniformly redundant arrays for coded-aperture imaging [C]. 19th International Cosmic Ray Conference (ICRC19). [S. l.: s. n.],1985,3.

[57] HURA hexagonal coded aperture mask principle[EB/OL]. [2016-03-16]. https://commons. wikimedia. org/wiki/File: HURA_hexagonal_coded_aperture_mask_principle. svg.

[58] VEDRENNE G, ROQUES J P, SCHÖNFELDER V, et al. SPI: The spectrometer

aboard INTEGRAL[J]. Astronomy and Astrophysics,2003,411(1)：L63-L70.

[59] GILL P R,STORK D G. Lensless ultra-miniature imagers using odd-symmetry spiral phase gratings[C]//Imaging and Applied Optics. [S. l. ：s. n.]，2013：CW4C. 3.

[60] ASIF M S,AYREMLOU A,VEERARAGHAVAN A,et al. FlatCam：Replacing lenses with masks and computation[C]//2015 IEEE International Conference on Computer Vision Workshop (ICCVW).[S. l. ：s. n.]，2015：663-666.

[61] TAN J,NIU L,ADAMS J K,et al. Face detection and verification using lensless cameras[J]. IEEE Transactions on Computational Imaging,2018,5(2)：180-194.

[62] ASIF M S, AYREMLOU A, SANKARANARAYANAN A, et al. FlatCam：Thin,lensless cameras using coded aperture and computation[J]. IEEE Transactions on Computational Imaging,2017,3(3)：384-397.

[63] NAKAMURA Y,SHIMANO T,TAJIMA K,et al. Lensless light-field imaging with Fresnel zone aperture[J]. ITE Technical Report,2016：7-8.

[64] TAJIMA K,SHIMANO T,NAKAMURA Y,et al. Lensless light-field imaging with multi-phased Fresnel zone aperture [C]//2017 IEEE International Conference on Computational Photography (ICCP).[S. l. ：s. n.]，2017：1-7.

[65] WU J,ZHANG H,ZHANG W,et al. Single-shot lensless imaging with Fresnel zone aperture and incoherent illumination[J]. Light：Science & Applications,2020,9(1)：53.

[66] DEWEERT M J,FARM B P. Lensless coded-aperture imaging with separable doubly-Toeplitz masks[J]. Optical Engineering,2015,54(2)：023102.

[67] WU J,CAO L,BARBASTATHIS G. DNN-FZA camera：A deep learning approach toward broadband FZA lensless imaging[J]. Optics Letters,2021,46(1)：130-133.

[68] GILL P R,TRINGALI J,SCHNEIDER A,et al. Thermal Escher sensors：Pixel-efficient lensless imagers based on tiled optics[C]//Imaging and Applied Optics 2017.[S. l. ：s. n.]，2017：CTu3B. 3.

[69] SINGH A K, PEDRINI G, TAKEDA M, et al. Scatter-plate microscope for lensless microscopy with diffraction limited resolution[J]. Scientific Reports,2017,7(1)：1-8.

[70] CAI Z,CHEN J,PEDRINI G,et al. Lensless light-field imaging through diffuser encoding[J]. Light：Science & Applications,2020,9(1)：1-9.

[71] PORAT A,ANDRESEN E R,RIGNEAULT H,et al. Widefield lensless imaging through a fiber bundle via speckle correlations[J]. Optics Express,2016,24(15)：16835-16855.

[72] SHIN J, TRAN D N, STROUD J R, et al. A minimally invasive lens-free computational microendoscope[J]. Science Advances,2019,5(12)：eaaw5595.

[73] LI Y,MCKAY G N, DURR N J, et al. Diffuser-based computational imaging

funduscope[J]. Optics Express,2020,28(13): 19641-19654.

[74] HINTON G E,SALAKHUTDINOV R R. Reducing the dimensionality of data with neural networks[J]. Science,2006,313(5786): 504-507.

[75] MCCULLOCH W S, PITTS W. A logical calculus of the ideas immanent in nervous activity [J]. The Bulletin of Mathematical Biophysics, 1943, 5 (4): 115-133.

[76] MONAKHOVA K,YURTSEVER J,KUO G,et al. Learned reconstructions for practical mask-based lensless imaging [J]. Optics Express, 2019, 27 (20): 28075-28090.

[77] KHAN S S, SUNDAR V, BOOMINATHAN V, et al. FlatNet: Towards photorealistic scene reconstruction from lensless measurements [J]. IEEE Transactions on Pattern Analysis and Machine Intelligence, 2020, 44 (4): 1934-1948.

[78] ZHOU H,FENG H,HU Z,et al. Lensless cameras using a mask based on almost perfect sequence through deep learning [J]. Optics Express, 2020, 28 (20): 30248-30262.

[79] ZHOU H,FENG H, XU W, et al. Deep denoiser prior based deep analytic network for lensless image restoration [J]. Optics Express, 2021, 29 (17): 27237-27253.

[80] HORISAKI R,OKAMOTO Y, TANIDA J. Deeply coded aperture for lensless imaging[J]. Optics Letters,2020,45(11): 3131-3134.

[81] PENG Y, FU Q, HEIDE F, et al. The diffractive achromat full spectrum computational imaging with diffractive optics [C]//SIGGRAPH ASIA 2016 Virtual Reality meets Physical Reality: Modelling and Simulating Virtual Humans and Environments. [S. l. : s. n.],2016: 1-2.

[82] HEIDE F,FU Q,PENG Y,et al. Encoded diffractive optics for full-spectrum computational imaging[J]. Scientific reports,2016,6: 33543.

[83] BAEK S H, IKOMA H, JEON D S, et al. Single-shot hyperspectral-depth imaging with learned diffractive optics [C]//Proceedings of the IEEE/CVF International Conference on Computer Vision. [S. l. : s. n.],2021: 2651-2660.

[84] TSENG E,COLBURN S,WHITEHEAD J,et al. Neural nano-optics for high-quality thin lens imaging[J]. Nature Communications,2021,12(1): 1-7.

[85] BOOMINATHAN V,ROBINSON J T, WALLER L,et al. Recent advances in lensless imaging[J]. Optica,2022,9(1): 1-16.

[86] CAMPISI P,EGIAZARIAN K. Blind image deconvolution: Theory and applications[M]. Florida: CRC press,2017.

[87] FLEISCHMANN D, BOAS F E. Computed tomography—old ideas and new technology[J]. European Radiology,2011,21(3): 510-517.

[88] ARCE G R,BRADY D J,CARIN L,et al. Compressive coded aperture spectral imaging: An introduction[J]. IEEE Signal Processing Magazine,2013,31(1): 105-115.

[89] HADAMARD J. Sur les problèmes aux dérivées partielles et leur signification physique[J]. Princeton University Bulletin,1902: 49-52.

[90] TIKONOV A N, ARSENIN V Y. Solutions of ill-posed problems [M]. New York: Winston,1977.

[91] DAUBECHIES I,DEFRISE M,DE MOL C. An iterative thresholding algorithm for linear inverse problems with a sparsity constraint[J]. Communications on Pure and Applied Mathematics: A Journal Issued by the Courant Institute of Mathematical Sciences,2004,57(11): 1413-1457.

[92] BIOUCAS-DIAS J M,FIGUEIREDO M A. A new TwIST: Two-step iterative shrinkage/thresholding algorithms for image restoration[J]. IEEE Transactions on Image Processing,2007,16(12): 2992-3004.

[93] BECK A,TEBOULLE M. A fast iterative shrinkage-thresholding algorithm for linear inverse problems[J]. Siam Journal on Imaging Sciences, 2009, 2 (1): 183-202.

[94] BOYD S,PARIKH N,CHU E, et al. Distributed optimization and statistical learning via the alternating direction method of multipliers[J]. Foundations and Trends in Machine Learning,2011,3(1): 1-122.

[95] RUDIN L I, OSHER S, FATEMI E. Nonlinear total variation based noise removal algorithms [J]. Physica D: Nonlinear Phenomena, 1992, 60 (1-4): 259-268.

[96] FARSIU S,ROBINSON M D,ELAD M,et al. Fast and robust multiframe super resolution [J]. IEEE Transactions on Image Processing, 2004, 13 (10): 1327-1344.

[97] BREDIES K,KUNISCH K, POCK T. Total Generalized Variation [J]. Siam Journal on Imaging Sciences,2010,3(3): 492-526.

[98] ZHANG S,SALARI E. Image denoising using a neural network based non-linear filter in wavelet domain[C]//Proceedings of the IEEE International Conference on Acoustics,Speech,and Signal Processing. [S. l. : s. n.],2005: 989-992.

[99] BURGER H C,SCHULER C J, HARMELING S. Image denoising: Can plain neural networks compete with BM3D? [C]//IEEE Conference on Computer Vision and Pattern Recognition. [S. l. : s. n.],2012: 2392-2399.

[100] SCHULER C J, CHRISTOPHER BURGER H, HARMELING S, et al. A machine learning approach for non-blind image deconvolution[C]//Proceedings of the IEEE Conference on Computer Vision and Pattern Recognition. [S. l. : s. n.], 2013: 1067-1074.

[101] HORNIK K,STINCHCOMBE M,WHITE H. Universal approximation of an unknown mapping and its derivatives using multilayer feedforward networks[J]. Neural Networks,1990,3(5): 551-560.

[102] JAIN V,SEUNG S. Natural image denoising with convolutional networks[J]. Advances in Neural Information Processing Systems,2008,21.

[103] EIGEN D,KRISHNAN D, FERGUS R. Restoring an image taken through a window covered with dirt or rain[C]//Proceedings of the IEEE International Conference on Computer Vision. [S. l. : s. n.],2013: 633-640.

[104] DONG C, LOY C C, HE K, et al. Image super-resolution using deep convolutional networks[J]. IEEE Transactions on Pattern Analysis and Machine Intelligence,2015,38(2): 295-307.

[105] KAPPELER A,YOO S,DAI Q,et al. Video super-resolution with convolutional neural networks[J]. IEEE Transactions on Computational Imaging,2016,2(2): 109-122.

[106] KULKARNI K, LOHIT S, TURAGA P, et al. Reconnet: Non-iterative reconstruction of images from compressively sensed measurements [C]// Proceedings of the IEEE Conference on Computer Vision and Pattern Recognition. [S. l. : s. n.],2016: 449-458.

[107] HRADIŠ M,KOTERA J,ZEMCIK P,et al. Convolutional neural networks for direct text deblurring[C]. Proceedings of BMVC. [S. l. : s. n.],2015.

[108] HE K,ZHANG X, REN S,et al. Deep residual learning for image recognition [C]//Proceedings of the IEEE Conference on Computer Vision and Pattern Recognition. [S. l. : s. n.],2016: 770-778.

[109] LEDIG C, THEIS L, HUSZÁR F, et al. Photo-realistic single image super-resolution using a generative adversarial network[C]//Proceedings of the IEEE Conference on Computer Vision and Pattern Recognition. [S. l. : s. n.],2017: 4681-4690.

[110] LIM B,SON S,KIM H,et al. Enhanced deep residual networks for single image super-resolution[C]//Proceedings of the IEEE Conference on Computer Vision and Pattern Recognition Workshops. [S. l. : s. n.],2017: 136-144.

[111] KIM J,LEE J K, LEE K M. Accurate image super-resolution using very deep convolutional networks[C]//Proceedings of the IEEE Conference on Computer Vision and Pattern Recognition. [S. l. : s. n.],2016: 1646-1654.

[112] YAO H, DAI F, ZHANG S, et al. Dr2-net: Deep residual reconstruction network for image compressive sensing[J]. Neurocomputing,2019,359: 483-493.

[113] RONNEBERGER O,FISCHER P, BROX T. U-Net: Convolutional networks for biomedical image segmentation [C]//MICCAI 2015. Munich: Springer, 2015: 234-241.

［114］ IBTEHAZ N,RAHMAN M S. MultiResUNet: Rethinking the U-Net architecture for multimodal biomedical image segmentation［J］. Neural Networks,2020,121: 74-87.

［115］ ALOM M Z, YAKOPCIC C, TAHA T M, et al. Nuclei segmentation with recurrent residual convolutional neural networks based U-Net (R2U-Net)［C］// IEEE National Aerospace and Electronics Conference (NAECON). ［S. l. : s. n.], 2018: 228-233.

［116］ ZHANG Z,WU C,COLEMAN S,et al. DENSE-INception U-net for medical image segmentation［J］. Computer Methods and Programs in Biomedicine,2020, 192: 105395.

［117］ SINHA A,LEE J,LI S,et al. Lensless computational imaging through deep learning［J］. Optica,2017,4(9): 1117-1125.

［118］ WANG H,LYU M,SITU G. eHoloNet: A learning-based end-to-end approach for in-line digital holographic reconstruction［J］. Optics Express,2018,26(18): 22603-22614.

［119］ WANG K, DOU J, KEMAO Q, et al. Y-Net: A one-to-two deep learning framework for digital holographic reconstruction［J］. Optics Letters, 2019, 44(19): 4765-4768.

［120］ DONG C,LOY C C,TANG X. Accelerating the super-resolution convolutional neural network［C］//European Conference on Computer Vision. ［S. l. : s. n.], 2016: 391-407.

［121］ LAI W S,HUANG J B,AHUJA N,et al. Deep laplacian pyramid networks for fast and accurate super-resolution［C］//Proceedings of the IEEE Conference on Computer Vision and Pattern Recognition. ［S. l. : s. n.],2017: 624-632.

［122］ ZHANG Y,TIAN Y,KONG Y,et al. Residual dense network for image super-resolution［C］//Proceedings of the IEEE Conference on Computer Vision and Pattern Recognition. ［S. l. : s. n.],2018: 2472-2481.

［123］ JOHNSON J, ALAHI A, FEIFEI L. Perceptual losses for real-time style transfer and super-resolution［C］//European Conference on Computer Vision. ［S. l. : s. n.],2016: 694-711.

［124］ SIMONYAN K,ZISSERMAN A. Very deep convolutional networks for large-scale image recognition［J］. arXiv: 1409. 1556,2014.

［125］ GOODFELLOW I, POUGET-ABADIE J, MIRZA M, et al. Generative adversarial nets［J］. Advances in Neural Information Processing Systems, 2014,27.

［126］ GOODFELLOW I,BENGIO Y,COURVILLE A. Deep learning［M］. Cambridge: MIT press,2016.

［127］ RUMELHART D E,HINTON G E,WILLIAMS R J. Learning representations by back-propagating errors[J]. Nature,1986,323(6088): 533-536.

[128] DUCHI J, HAZAN E, SINGER Y. Adaptive subgradient methods for online learning and stochastic optimization[J]. Journal of Machine Learning Research, 2011,12(7).

[129] TIELEMAN T, HINTON G. Lecture 6. 5-rmsprop: Divide the gradient by a running average of its recent magnitude[J]. COURSERA: Neural Networks for Machine Learning,2012,4(2): 26-31.

[130] KINGMA D P, BA J. Adam: A method for stochastic optimization[J]. arXiv: 1412. 6980,2014.

[131] BOOMINATHAN V, ADAMS J K, ASIF M S, et al. Lensless imaging: A computational renaissance[J]. IEEE Signal Processing Magazine,2016,33(5): 23-35.

[132] GABOR D. A new microscopic principle[J]. Nature,1948,161: 777.

[133] ROSEN J, BROOKER G. Digital spatially incoherent Fresnel holography[J]. Optics Letters,2007,32(8): 912-914.

[134] DUARTE M F, DAVENPORT M A, TAKHAR D, et al. Single-pixel imaging via compressive sampling[J]. IEEE Signal Processing Magazine, 2008, 25(2): 83-91.

[135] BAHMANI S, ROMBERG J. Compressive deconvolution in random mask imaging [J]. IEEE Transactions on Computational Imaging, 2015, 1 (4): 236-246.

[136] HUANG G, JIANG H, MATTHEWS K, et al. Lensless imaging by compressive sensing[C]//2013 IEEE International Conference on Image Processing. [S. l. : s. n.], 2013: 2101-2105.

[137] LUSTIG M, DONOHO D, PAULY J M. Sparse MRI: The application of compressed sensing for rapid MR imaging[J]. Magnetic Resonance in Medicine: An Official Journal of the International Society for Magnetic Resonance in Medicine,2007,58(6): 1182-1195.

[138] LUSTIG M, DONOHO D L, SANTOS J M, et al. Compressed sensing MRI[J]. IEEE Signal Processing Magazine,2008,25(2): 72-82.

[139] HALDAR J P, HERNANDO D, LIANG Z P. Compressed-sensing MRI with random encoding[J]. IEEE Transactions on Medical Imaging, 2010, 30 (4): 893-903.

[140] LAI Z, QU X, LIU Y, et al. Image reconstruction of compressed sensing MRI using graph-based redundant wavelet transform[J]. Medical Image Analysis, 2016,27: 93-104.

[141] JALAL A, ARVINTE M, DARAS G, et al. Robust compressed sensing MRI with deep generative priors[J]. Advances in Neural Information Processing

Systems,2021,34.

[142] 杨振亚,郑楚君. 基于压缩传感的纯相位物体相位恢复[J]. 物理学报,2013,
       62(10):104203.

[143] YANG Z,ZHANG C,XIE L. Robust compressive phase retrieval via L1
       minimization with application to image reconstruction [J]. arXiv:1302.
       0081,2013.

[144] CHANG H,LOU Y,NG M K,et al. Phase retrieval from incomplete magnitude
       information via total variation regularization[J]. SIAM Journal on Scientific
       Computing,2016,38(6):A3672-A3695.

[145] ZHANG H,LIU S,CAO L,et al. Noise suppression for ballistic-photons based
       on compressive in-line holographic imaging through an inhomogeneous medium[J].
       Optics Express,2020,28(7):10337-10349.

[146] ZHANG W,CAO L,BRADY D J,et al. Twin-image-free holography:A compressive
       sensing approach[J]. Physical Review Letters,2018,121(9):093902.

[147] ZHANG H,CAO L,ZHANG H,et al. Efficient block-wise algorithm for
       compressive holography[J]. Optics Express,2017,25(21):24991-25003.

[148] WANG Z,SPINOULAS L,HE K,et al. Compressive holographic video[J].
       Optics Express,2017,25(1):250-262.

[149] COSSAIRT O,HE K,SHANG R,et al. Compressive reconstruction for 3D
       incoherent holographic microscopy[C]//2016 IEEE International Conference on
       Image Processing (ICIP).[S. l.:s. n.],2016:958-962.

[150] RIVENSON Y,STERN A,JAVIDI B. Improved depth resolution by single-
       exposure in-line compressive holography[J]. Applied Optics,2013,52(1):
       A223-A231.

[151] RIVENSON Y,ROT A,BALBER S,et al. Recovery of partially occluded objects
       by applying compressive Fresnel holography [J]. Optics Letters,2012,
       37(10):1757-1759.

[152] LIM S,MARKS D L,BRADY D J. Sampling and processing for compressive
       holography [J]. Applied Optics,2011,50(34):H75-H86.

[153] LEE H,BATTLE A,RAINA R,et al. Efficient sparse coding algorithms[J].
       Advances in Neural Information Processing Systems,2007:801-808.

[154] AHARON M,ELAD M,BRUCKSTEIN A. K-SVD:An algorithm for
       designing overcomplete dictionaries for sparse representation[J]. IEEE Transactions
       on Signal Processing,2006,54(11):4311-4322.

[155] AHARON M,ELAD M. Sparse and redundant modeling of image content using
       an image-signature-dictionary[J]. Siam Journal on Imaging Sciences,2008,1(3):
       228-247.

[156] DONOHO D L,ELAD M. On the stability of the basis pursuit in the presence

of noise[J]. Signal Processing,2006,86(3): 511-532.

[157] DONOHO D L. For most large underdetermined systems of linear equations the minimal [J]. Communications on Pure and Applied Mathematics,2006,59(6): 797-829.

[158] CANDES E J. The restricted isometry property and its implications for compressed sensing [J]. Comptes Rendus Mathematique, 2008, 346 (9-10): 589-592.

[159] CANDES E,TAO T. Decoding by linear programming[J]. IEEE Transactions on information theory,2005,51(12): 4203-4215.

[160] ZHANG G,JIAO S,XU X,et al. Compressed sensing and reconstruction with bernoulli matrices[C]//The 2010 IEEE International Conference on Information and Automation. [S. l. : s. n.],2010: 455-460.

[161] XU G,XU Z. Compressed sensing matrices from Fourier matrices[J]. IEEE Transactions on Information Theory,2014,61(1): 469-478.

[162] SUN R,ZHAO H,XU H. The application of improved Hadamard measurement matrix in compressed sensing[C]//2012 International Conference on Systems and Informatics (ICSAI2012). [S. l. : s. n.],2012: 1994-1997.

[163] BAJWA W U,HAUPT J D,RAZ G M,et al. Toeplitz-structured compressed sensing matrices [C]//2007 IEEE/SP 14th Workshop on Statistical Signal Processing. [S. l. : s. n.],2007: 294-298.

[164] LARSON E C,CHANDLER D M. Most apparent distortion: Full-reference image quality assessment and the role of strategy[J]. Journal of Electronic Imaging,2010,19(1): 011006.

[165] ABBASI H,KAVEHVASH Z,SHABANY M. Improved CT image reconstruction through partial Fourier sampling[J]. Scientia Iranica,2016,23(6): 2908-2916.

[166] CHARTRAND R. Fast algorithms for nonconvex compressive sensing: MRI reconstruction from very few data[C]//2009 IEEE International Symposium on Biomedical Imaging: From Nano to Macro. [S. l. : s. n.],2009: 262-265.

[167] REN Z,XU Z,LAM E Y M. End-to-end deep learning framework for digital holographic reconstruction[J]. Advanced Photonics,2019,1(1): 1-12.

[168] WU Y,WU J,JIN S,et al. Dense-U-net: Dense encoder-decoder network for holographic imaging of 3D particle fields[J]. Optics Communications,2021,493: 126970.

[169] BAI C,ZHOU M,MIN J,et al. Robust contrast-transfer-function phase retrieval via flexible deep learning networks [J]. Optics Letters, 2019, 44 (21): 5141-5144.

[170] WANG F,BIAN Y,WANG H,et al. Phase imaging with an untrained neural network[J]. Light: Science & Applications,2020,9(1): 77.

[171]　METZLER C,SCHNITER P, VEERARAGHAVAN A,et al. prDeep: Robust phase retrieval with a flexible deep network[C]//Proceedings of the 35th International Conference on Machine Learning.[S. l. : s. n.],2018: 3501-3510.

[172]　LI S,DENG M, LEE J, et al. Imaging through glass diffusers using densely connected convolutional networks[J]. Optica,2018,5(7): 803-813.

[173]　LI Y,XUE Y, TIAN L. Deep speckle correlation: A deep learning approach toward scalable imaging through scattering media[J]. Optica, 2018, 5 (10): 1181-1190.

[174]　KHAN S S,ADARSH V, BOOMINATHAN V,et al. Towards photorealistic reconstruction of highly multiplexed lensless images[C]//Proceedings of the IEEE/CVF International Conference on Computer Vision. [S. l. : s. n.],2019: 7860-7869.

[175]　SALGADO-REMACHA F J,SANCHEZ-BREA L M,BERNABEU E. Effect of fill-factor on the Talbot effect of diffraction gratings[J]. Journal of the European Optical Society-Rapid publications,2011,6.

[176]　HARIS M,SHAKHNAROVICH G,UKITA N. Deep back-projection networks for super-resolution[C]//Proceedings of the IEEE Conference on Computer Vision and Pattern Recognition. [S. l. : s. n.],2018: 1664-1673.

[177]　AGUSTSSON E,TIMOFTE R. Ntire 2017 challenge on single image super-resolution: Dataset and study[C]//Proceedings of the IEEE Conference on Computer Vision and Pattern Recognition Workshops. [S. l. : s. n.],2017: 126-135.

[178]　ADLER D C,CHEN Y, HUBER R, et al. Three-dimensional endomicroscopy using optical coherence tomography [J]. Nature Photonics, 2007, 1 (12): 709-716.

[179]　LUO Y,CUI D,YU X,et al. Endomicroscopic optical coherence tomography for cellular resolution imaging of gastrointestinal tracts[J]. Journal of Biophotonics, 2018,11(4): e201700141.

[180]　THIBERVILLE L, SALAÜN M, LACHKAR S, et al. Confocal fluorescence endomicroscopy of the human airways[J]. Proceedings of the American Thoracic Society,2009,6(5): 444-449.

[181]　KIESSLICH R,GOETZ M,VIETH M,et al. Technology insight: Confocal laser endoscopy for in vivo diagnosis of colorectal cancer[J]. Nature Clinical Practice Oncology,2007,4(8): 480-490.

[182]　ORTH A,PLOSCHNER M, WILSON E, et al. Optical fiber bundles: Ultra-slim light field imaging probes[J]. Science Advances,2019,5(4): eaav1555.

[183]　KUSCHMIERZ R,SCHARF E, KOUKOURAKIS N, et al. Self-calibration of lensless holographic endoscope using programmable guide stars [J]. Optics

Letters,2018,43(12): 2997-3000.

[184] LEITE I T,TURTAEV S,BOONZAJER FLAES D E,et al. Observing distant objects with a multimode fiber-based holographic endoscope[J]. APL Photonics, 2021,6(3): 036112.

[185] GLOGE D. Weakly guiding fibers[J]. Applied Optics,1971,10(10): 2252-2258.

[186] LI L,GUO F. Analysis on the Gaussian approximation of LP01 mode [C]// Information Optics and Photonics Technologies Ⅱ. [S. l. : s. n.],2008: 68370D.

[187] GÖBEL W, KERR J N, NIMMERJAHN A, et al. Miniaturized two-photon microscope based on a flexible coherent fiber bundle and a gradient-index lens objective[J]. Optics Letters,2004,29(21): 2521-2523.

[188] DUBAJ V,MAZZOLINI A,WOOD A,et al. Optic fibre bundle contact imaging probe employing a laser scanning confocal microscope [J]. Journal of Microscopy,2002,207(2): 108-117.

[189] OH W Y,BOUMA B,IFTIMIA N,et al. Spectrally-modulated full-field optical coherence microscopy for ultrahigh-resolution endoscopic imaging[J]. Optics Express,2006,14(19): 8675-8684.

[190] HAN J H,LEE J,KANG J U. Pixelation effect removal from fiber bundle probe based optical coherence tomography imaging[J]. Optics Express,2010,18(7): 7427-7439.

[191] WINTER C,RUPP S, ELTER M, et al. Automatic adaptive enhancement for images obtained with fiberscopic endoscopes [J]. IEEE Transactions on Biomedical Engineering,2006,53(10): 2035-2046.

[192] RUPP S,ELTER M,WINTER C. Improving the accuracy of feature extraction for flexible endoscope calibration by spatial super resolution[C]//29th Annual International Conference of the IEEE Engineering in Medicine and Biology Society. [S. l. : s. n.],2007: 6565-6571.

[193] DICKENS M M, BORNHOP D J, MITRA S. Removal of optical fiber interference in color micro-endoscopic images[C]//11th IEEE Symposium on Computer-Based Medical Systems. [S. l. : s. n.],1998: 246-251.

[194] DICKENS M M, HOULNE M P, MITRA S, et al. Soft computing method for the removal of pixelation in microendoscopic images[C]//Applications of Soft Computing. [S. l. : s. n.],1997: 186-194.

[195] DICKENS M M, HOULNE M P, MITRA S, et al. Method for depixelating micro-endoscopic images[J]. Optical Engineering,1999,38(11): 1836-1842.

[196] ZHENG Z,CAI B,KOU J,et al. A honeycomb artifacts removal and super resolution method for fiber-optic images [C]//International Conference on Intelligent Autonomous Systems. [S. l. : s. n.],2016: 771-779.

[197] RUPP S,WINTER C,ELTER M. Evaluation of spatial interpolation strategies

for the removal of comb-structure in fiber-optic images [C]//Annual International Conference of the IEEE Engineering in Medicine and Biology Society.[S. l. : s. n.],2009: 3677-3680.

[198] RENTERIA C,SUÁREZ J,LICUDINE A,et al. Depixelation and enhancement of fiber bundle images by bundle rotation[J]. Applied Optics,2020,59(2): 536-544.

[199] SHAO J, ZHANG J, LIANG R, et al. Fiber bundle imaging resolution enhancement using deep learning [J]. Optics Express, 2019, 27 (11): 15880-15890.

[200] TSAI M,SMITH J,LUCAS J. Multi-fibre calibration of incoherent optical fibre bundles for image transmission[J]. Transactions of the Institute of Measurement and Control,1993,15(5): 260-268.

[201] FERNANDEZ P R,LÁZARO J L,GARDEL A,et al. Location of optical fibers for the calibration of incoherent optical fiber bundles for image transmission[J]. IEEE Transactions on Instrumentation and Measurement, 2009, 58 (9): 2996-3003.

[202] VERCAUTEREN T, PERCHANT A, MALANDAIN G, et al. Robust mosaicing with correction of motion distortions and tissue deformations for in vivo fibered microscopy[J]. Medical Image Analysis,2006,10(5): 673-692.

[203] LEE C Y,HAN J H. Elimination of honeycomb patterns in fiber bundle imaging by a superimposition method[J]. Optics Letters,2013,38(12): 2023-2025.

[204] KYRISH M,KESTER R, RICHARDS-KORTUM R,et al. Improving spatial resolution of a fiber bundle optical biopsy system[C]//Endoscopic Microscopy V.[S. l. : s. n.],2010: 755807.

[205] TURTAEV S, LEITE I T, ALTWEGG-BOUSSAC T, et al. High-fidelity multimode fibre-based endoscopy for deep brain in vivo imaging[J]. Light: Science & Applications,2018,7(1): 1-8.

[206] ANDRESEN E R, SIVANKUTTY S, TSVIRKUN V, et al. Ultrathin endoscopes based on multicore fibers and adaptive optics: A status review and perspectives[J]. Journal of Biomedical Optics,2016,21(12): 121506.

[207] KIM G, NAGARAJAN N, PASTUZYN E, et al. Deep-brain imaging via epi-fluorescence computational cannula microscopy [J]. Scientific Reports, 2017, 7(1): 1-8.

[208] TEIKARI P,SANTOS M,POON C,et al. Deep learning convolutional networks for multiphoton microscopy vasculature segmentation [J]. arXiv: 1606. 02382,2016.

[209] RAVÌ D,SZCZOTKA A B,SHAKIR D I,et al. Effective deep learning training for single-image super-resolution in endomicroscopy exploiting video-

registration-based reconstruction[J]. International Journal of Computer Assisted Radiology and Surgery,2018,13(6): 917-924.

[210] PERPERIDIS A,PARKER H E,KARAM-ELDALY A,et al. Characterization and modelling of inter-core coupling in coherent fiber bundles [J]. Optics Express,2017,25(10): 11932-11953.

[211] SHAO J,ZHANG J,HUANG X,et al. Fiber bundle image restoration using deep learning[J]. Optics Letters,2019,44(5): 1080-1083.

[212] RUSSAKOVSKY O, DENG J, SU H, et al. ImageNet large scale visual recognition challenge [J]. International Journal of Computer Vision, 2015, 115(3): 211-252.

[213] WANG X,YU K,WU S,et al. Esrgan: Enhanced super-resolution generative adversarial networks[C]//European Conference on Computer Vision. [S. l. : s. n.], 2018: 63-79.

[214] UCKERMANN O,GALLI R,MARK G,et al. Label-free multiphoton imaging allows brain tumor recognition based on texture analysis—A study of 382 tumor patients[J]. Neuro-oncology Advances,2020,2(1): vdaa035.

[215] TRAYNOR D,BEHL I, O'DEA D, et al. Raman spectral cytopathology for cancer diagnostic applications[J]. Nature Protocols,2021,16(7): 3716-3735.

[216] AZARIN S M,YI J,GOWER R M,et al. In vivo capture and label-free detection of early metastatic cells[J]. Nature Communications,2015,6(1): 1-9.

[217] MAZUMDER N, BALLA N K, ZHUO G Y, et al. Label-free non-linear multimodal optical microscopy—basics, development, and applications [J]. Frontiers in Physics,2019,7: 170.

[218] THOMAS G,VAN VOSKUILEN J,GERRITSEN H C,et al. Advances and challenges in label-free nonlinear optical imaging using two-photon excitation fluorescence and second harmonic generation for cancer research[J]. Journal of Photochemistry and Photobiology B: Biology,2014,141: 128-138.

[219] PARK H C,SONG C, KANG M, et al. Forward imaging OCT endoscopic catheter based on MEMS lens scanning [J]. Optics Letters, 2012, 37 (13): 2673-2675.

[220] WANG D,LIANG P,SAMUELSON S,et al. Correction of image distortions in endoscopic optical coherence tomography based on two-axis scanning MEMS mirrors[J]. Biomedical Optics Express,2013,4(10): 2066-2077.

[221] LIANG W,HALL G,MESSERSCHMIDT B,et al. Nonlinear optical endomicroscopy for label-free functional histology in vivo[J]. Light: Science & Applications,2017, 6(11): e17082.

[222] DILIPKUMAR A,AL-SHEMMARY A,KREIB L,et al. Label-free multiphoton endomicroscopy for minimally invasive in vivo imaging[J]. Advanced Science,

2019,6(8): 1801735.

[223] LIANG K,WANG Z,AHSEN O O,et al. Cycloid scanning for wide field optical coherence tomography endomicroscopy and angiography in vivo[J]. Optica, 2018,5(1): 36-43.

[224] PSHENAY-SEVERIN E,BAE H,REICHWALD K,et al. Multimodal nonlinear endomicroscopic imaging probe using a double-core double-clad fiber and focus-combining micro-optical concept[J]. Light: Science & Applications, 2021, 10(1): 1-11.

[225] GALLI R,UCKERMANN O,SEHM T,et al. Identification of distinctive features in human intracranial tumors by label-free nonlinear multimodal microscopy[J]. Journal of Biophotonics,2019,12(10): e201800465.

[226] VAKOC B J, LANNING R M, TYRRELL J A, et al. Three-dimensional microscopy of the tumor microenvironment in vivo using optical frequency domain imaging[J]. Nature Medicine,2009,15(10): 1219-1223.

[227] LU M Y,WILLIAMSON D F, CHEN T Y, et al. Data-efficient and weakly supervised computational pathology on whole-slide images[J]. Nature Biomedical Engineering,2021,5(6): 555-570.

[228] LUKIC A,DOCHOW S, BAE H, et al. Endoscopic fiber probe for nonlinear spectroscopic imaging[J]. Optica,2017,4(5): 496-501.

在学期间完成的相关学术成果

学术论文：

[1] **Wu J**, Zhang H, Zhang W, Jin G, Cao L, Barbastathis G. Single-shot lensless imaging with Fresnel zone aperture and incoherent illumination[J]. Light：Science & Applications, 2020, 9(1)：53. (SCI 收录, 检索号：000524610500001, 影响因子：19.4)

[2] **Wu J**, Cao L, Barbastathis G. DNN-FZA camera：A deep learning approach toward broadband FZA lensless imaging[J]. Optics Letters, 2021, 46(1)：130-133. (SCI 收录, 检索号：000603399900033, 影响因子：3.6, 选为 Editors' Pick)

[3] **Wu J**, Liu K, Sui X, Cao L. High-speed computer-generated holography using an autoencoder-based deep neural network[J]. Optics Letters, 2021, 46：2908-2911. (SCI 收录, 检索号：000661728300029, 影响因子：3.6, 选为 Editors' Pick)

[4] **Wu J**, Yang F, Cao L. Resolution enhancement of long-range imaging with sparse apertures[J]. Optics and Lasers in Engineering, 2022, 155：107068. (SCI 收录, 检索号：000793716100001, 影响因子：4.6)

[5] **Wu J**, Chen H, Liu X, Cao L, Peng X, Jin G. Unsupervised texture reconstruction method using bidirectional similarity function for 3-D measurements[J]. Optics Communications, 2019, 439：85-93. (共同第一作者, SCI 收录, 检索号：000460161400013, 影响因子：2.4)

[6] Wu Y, **Wu J**, Jin S, Cao L, Jin G. Dense-U-net：Dense encoder-decoder network for holographic imaging of 3D particle fields[J]. Optics Communications, 2021, 493：126970. (共同第一作者, SCI 收录, 检索号：000653031900010, 影响因子：2.4)

[7] **Wu J**, Wang T, Uckermann O, Galli R, Schackert G, Cao L, Czarske J, Kuschmierz R. Learned end-to-end high-resolution lensless fiber imaging towards real-time cancer diagnosis[J]. Scientific reports, 2022, 12(1)：18846. (SCI 收录, 检索号：000879914800019, 影响因子：4.6)

[8] Sun J, **Wu J**, Koukourakis N, Kuschmierz R, Cao L, Czarske J. Real-time complex light field generation through a multi-core fiber with deep learning[J]. Scientific Reports, 2022, 12：7732. (共同第一作者, SCI 收录, 检索号：000794011500011, 影响因子：4.6)

[9] Sun J,**Wu J**,Wu S,Goswami R,Girardo S,Cao L,Guck J,Koukourakis N,Czarske J. Quantitative phase imaging through an ultra-thin lensless fiber endoscope[J]. Light：Science & Applications，2022，11（1）：204.（SCI 收录，检索号：000821034900002，影响因子：19.4）

[10] 张益溢,**吴佳琛**,郝然,金尚忠,曹良才.基于数字全息的血红细胞显微成像技术[J]. 物理学报,2020,69(16)：164201.(SCI 收录,检索号:000562561000010,影响因子:1.0)

[11] **吴佳琛**,曹良才,陈海龙,彭翔,金国藩.彩色三维扫描中纹理重建技术研究进展[J]. 激光与光电子学进展,2018,55(11)：44-58.(封面文章)

[12] Ma Y,**Wu J**,Chen S,Cao L. Explicit-restriction convolutional framework for lensless imaging[J]. Optics Express,2022,30(9)：15266-15278.(SCI 收录,检索号：000793726300107,影响因子：3.8)

[13] **Wu J**,Zhang H,Zhang W,Jin G,Cao L. Fresnel zone aperture imaging using compressive sensing[C]. DH & 3D Imaging,OSA,2019,M3B.1.(EI 收录,检索号：20202308781242)

[14] **Wu J**,Cao L. Resolution analysis of Fresnel zone aperture lensless imaging[C]. Holography,Diffractive Optics,and Applications X. SPIE,2020,11551.

[15] **Wu J**,Liu K,Cao L. Calculating real-time phase-only holograms through autoencoder neural network[C]. Advances in Display Technologies Ⅺ. SPIE, 2021,11708.

专利：

[1] 曹良才,**吴佳琛**.基于深度学习的波带片编码孔径成像方法及装置.中国, 202010092351.5[P].2020-07-14.

[2] 曹良才,刘珂瑄,何泽浩,**吴佳琛**,张凤至.一种计算全息图的生成方法及电子设备.中国,202210073348.8[P].2022-01-21.

[3] 曹良才,**吴佳琛**,杨鑫,卢建强,袁石林,李儒佳,金国藩.透明 OLED 的参数确定方法和装置.中国,201910368427.X[P].2020-04-10.

[4] 曹良才,李儒佳,**吴佳琛**,袁石林,杨鑫.基于光程匹配的 OLED 的屏幕设计方法和装置.中国,201910368428.4[P].2020-01-17.

[5] 曹良才,李羽,袁石林,卢建强,**吴佳琛**.基于 HSV 色彩空间的彩色图眩光去除方法及系统.中国,201910317599.4[P].2020-04-10.

[6] 曹良才,李儒佳,卢建强,杨鑫,**吴佳琛**,张华,金国藩.基于屏幕透射光谱的屏幕下系统色彩校正方法及系统.中国,2019100329613.2[P].2021-02-23.

致　　谢

在清华园四年的时光如同白驹过隙，我的博士求学生涯也进入了尾声。读博期间所经历的种种喜悦、兴奋、迷茫都令我终生难忘。在这里衷心地向各位老师、同学、同事、家人以及关心过我的朋友们表达我的感激之情。

感谢我的导师曹良才教授对我的悉心指导。曹老师是一位充满活力和能量的学者，每天都投入大量时间在科研工作中。尽管工作繁忙，曹老师一直保持着对学生的关怀和指导。在我博士期间，曹老师对我的研究方向、论文写作、学术报告等诸多方面都倾注了大量的心血。不仅如此，曹老师在科研及为人处世方面有很多独到的经验和见解，都会对我倾囊相授。曹老师严谨勤奋、精益求精的治学风格，以及从容乐观、豁达开朗的做人风格深刻影响着我今后的工作和生活，将使我终生受益。

感谢金国藩老师对我精神上的鼓励。金老师九十高龄仍旧保持着每天阅读和学习的习惯，并且每次去拜访金老师时，金老师总能精神矍铄地和我们谈论生活和工作上的问题。"抱负、信心、刻苦、包容"是金老师八十八岁时的人生感言，这八字箴言一直激励着我在科研工作中不断向上攀登。

感谢课题组的宗嵩老师和李瑶瑶老师，是你们帮助大家分担了繁重琐碎的采购报账等科研事务，创造了良好的科研环境，让我们能够安心科研。特别感谢李瑶瑶老师，在疫情期间帮助我远程完成了实验数据的采集。

感谢在我博士求学期间同门师兄弟们和师妹们对我的关心和帮助。感谢张华师兄在我刚进入课题组时为我答疑解惑，正是通过和张华师兄的交流碰撞出了许多新的思想火花；感谢何泽浩师兄对我论文报告等材料的撰写提出了诸多宝贵意见；感谢刘珂瑄帮助我完成实验光路搭建；感谢隋晓萌在算法上给我的帮助；感谢李儒佳、黄郑重、贺立丹、高云晖在科研道路上对我的陪伴和支持。

感谢麻省理工学院 George Barbastathis 教授对我科研思路和论文撰写方面的指导；感谢德累斯顿工业大学 Jürgen Czarske 教授和 Robert Kuschmierz 博士在我访学期间对我的热心接待与无私帮助，让我很快融入课题组环境并学习到先进的科研经验。感谢 MST 小组的孙佳伟、张谦、刘照虹、王文杰、王体珏同事在我访学期间给予我工作和生活上的帮助，让我在异乡依然感受到了祖国的温暖与亲切感。

最后，感谢我的父母一直在背后默默支持我完成学业。在面临人生抉择的时候，他们总是尊重和支持我的决定，在我常年在外求学的日子里也一直牵挂着我的身心健康，正是他们的理解和关怀让我无畏前行。